U0137399

· The Meaning of Relativity ·

广义相对论是人类认识大自然的最伟大的成果，它把哲学的深奥、物理学的直观和数学的技艺令人惊叹地结合在一起；它也是一件伟大的艺术品，供人远远欣赏和赞美。

——玻恩（M. Born, 1882—1970），量子力学奠基人之一，获 1954 年诺贝尔物理学奖。

千万记住，所有那些品质高尚的人都是孤独的——而且必然如此——正因为如此，他们才能享受自身环境中那种一尘不染的纯洁。

——爱因斯坦

如果一个人不必靠科学研究来维持生计，那么科学研究才是绝妙的工作。一个人用来维持生计的工作应该是他确信自己有能力从事的工作。只有在我们不对其他人负有责任的时候，我们才可能在科学事业中找到乐趣。

——爱因斯坦

本书列入"十四五"国家重点图书出版规划

科学元典丛书

The Series of the Great Classics in Science

主　　编　任定成

执行主编　周雁翎

策　　划　周雁翎

丛书主持　陈　静

　　科学元典是科学史和人类文明史上划时代的丰碑，是人类文化的优秀遗产，是历经时间考验的不朽之作。它们不仅是伟大的科学创造的结晶，而且是科学精神、科学思想和科学方法的载体，具有永恒的意义和价值。

科学元典丛书

相对论的意义

（爱因斯坦在普林斯顿大学的演讲）

The Meaning of Relativity

［美］爱因斯坦 著　李灏 译

北京大学出版社

PEKING UNIVERSITY PRESS

图书在版编目（CIP）数据

相对论的意义/（美）爱因斯坦（Einstein, A.）著；李灏译.—北京： 北京大学出版社，2014.2
（科学元典丛书）
ISBN 978-7-301-23666-6

Ⅰ.①相…　Ⅱ.①爱…②李…　Ⅲ.①相对论－研究　Ⅳ.①O412.1

中国版本图书馆 CIP 数据核字（2013）第 311422 号

书　　　　名	相对论的意义
	XIANGDUILUN DE YIYI
著作责任者	［美］爱因斯坦　著　李　灏　译
丛书策划	周雁翎
丛书主持	陈　静
责任编辑	陈　静
标准书号	ISBN 978-7-301-23666-6
出版发行	北京大学出版社
地　　　　址	北京市海淀区成府路 205 号　　100871
网　　　　址	http://www.pup.cn　　　　新浪微博：@ 北京大学出版社
微信公众号	通识书苑（微信号：sartspku）　科学元典（微信号：kexueyuandian）
电子邮箱	编辑部 jyzx@pup.cn　　　　总编室 zpup@pup.cn
电　　　　话	邮购部 010-62752015　发行部 010-62750672　编辑部 010-62707542
印刷者	北京中科印刷有限公司
经销者	新华书店
	787 毫米×1092 毫米　16 开本　12.75 印张　彩插 8　160 千字
	2014 年 2 月第 1 版　2024 年 1 月第 6 次印刷
定　　　　价	56.00 元

弁　言

• Preface to the Series of the Great Classics in Science •

　　这套丛书中收入的著作，是自古希腊以来，主要是自文艺复兴时期现代科学诞生以来，经过足够长的历史检验的科学经典。为了区别于时下被广泛使用的"经典"一词，我们称之为"科学元典"。

　　我们这里所说的"经典"，不同于歌迷们所说的"经典"，也不同于表演艺术家们朗诵的"科学经典名篇"。受歌迷欢迎的流行歌曲属于"当代经典"，实际上是时尚的东西，其含义与我们所说的代表传统的经典恰恰相反。表演艺术家们朗诵的"科学经典名篇"多是表现科学家们的情感和生活态度的散文，甚至反映科学家生活的话剧台词，它们可能脍炙人口，是否属于人文领域里的经典姑且不论，但基本上没有科学内容。并非著名科学大师的一切言论或者是广为流传的作品都是科学经典。

　　这里所谓的科学元典，是指科学经典中最基本、最重要的著作，是在人类智识史和人类文明史上划时代的丰碑，是理性精神的载体，具有永恒的价值。

一

　　科学元典或者是一场深刻的科学革命的丰碑，或者是一个严密的科学体系的构架，或者是一个生机勃勃的科学领域的基石，或者是一座传播科学文明的灯塔。它们既是昔日科学成就的创造性总结，又是未来科学探索的理性依托。

　　哥白尼的《天体运行论》是人类历史上最具革命性的震撼心灵的著作，它向统治西方思想千余年的地心说发出了挑战，动摇了"正统宗教"学说的天文学基础。伽利略《关于托勒密和哥白尼两大世界体系的对话》以确凿的证据进一步论证了哥白尼学说，更直接地动摇了教会所庇护的托勒密学说。哈维的《心血运动论》以对人类躯体和心灵的双重关怀，满怀真挚的宗教情感，阐述了血液循环理论，推翻了同样统治西方思想千余年、被"正统宗教"所庇护的盖伦学说。笛卡儿的《几何》不仅创立了为后来诞生的微积分提供了工具的解析几何，而且折射出影响万世的思想方法论。牛顿的《自然哲学之数学原理》标志着17世纪科学革命的顶点，为后来的工业革命奠定了科学基础。分别以惠更斯的《光论》与牛顿的《光学》为代表的波动说与微粒说之间展开了长达200余年的论战。拉瓦锡在《化学基础论》中详尽论述了氧化理论，推翻了统治化学百余年之久的燃素理论，这一智识壮举被公认为历史上最自觉的科学革命。道尔顿的《化学哲学新体系》奠定了物质结构理论的基础，开创了科学中的新时代，使19世纪的化学家们有计划地向未知领域前进。傅立叶的《热的解析理论》以其对热传导问题的精湛处理，突破了牛顿的《自然哲学之数学原理》所规定的理论力学范围，开创了数学物理学的崭新领域。达尔文《物种起源》中的进化论思想不仅在生物学发展到分子水平的今天仍然是科学家们阐释的对象，而且100多年来几乎在科学、社会和人文的所有领域都在施展它有形和无形的影响。《基因论》揭示了孟德尔式遗传性状传递机理的物质基础，把生命科学推进到基因水平。爱因斯坦的《狭义与广义相对论浅说》和薛定谔的《关于波动力学的四次演讲》分别阐述了物质世界在高速和微观领域的运动规律，完全改变了自牛顿以来的世界观。魏格纳的《海陆的起源》提出了大陆漂移的猜想，为当代地球科学提供了新的发展基点。维纳的《控制论》揭示了控制系统的反馈过程，普里戈金的《从存在到演化》发现了系统可能从原来无序向新的有序态转化的机制，二者的思想在今天的影响已经远远超越了自然科学领域，影响到经济学、社会学、政治学等领域。

科学元典的永恒魅力令后人特别是后来的思想家为之倾倒。欧几里得的《几何原本》以手抄本形式流传了1800余年，又以印刷本用各种文字出了1000版以上。阿基米德写了大量的科学著作，达·芬奇把他当作偶像崇拜，热切搜求他的手稿。伽利略以他的继承人自居。莱布尼兹则说，了解他的人对后代杰出人物的成就就不会那么赞赏了。为捍卫《天体运行论》中的学说，布鲁诺被教会处以火刑。伽利略因为其《关于托勒密和哥白尼两大世界体系的对话》一书，遭教会的终身监禁，备受折磨。伽利略说吉尔伯特的《论磁》一书伟大得令人嫉妒。拉普拉斯说，牛顿的《自然哲学之数学原理》揭示了宇宙的最伟大定律，它将永远成为深邃智慧的纪念碑。拉瓦锡在他的《化学基础论》出版后5年被法国革命法庭处死，传说拉格朗日悲愤地说，砍掉这颗头颅只要一瞬间，再长出这样的头颅 100 年也不够。《化学哲学新体系》的作者道尔顿应邀访法，当他走进法国科学院会议厅时，院长和全体院士起立致敬，得到拿破仑未曾享有的殊荣。傅立叶在《热的解析理论》中阐述的强有力的数学工具深深影响了整个现代物理学，推动数学分析的发展达一个多世纪，麦克斯韦称赞该书是"一首美妙的诗"。当人们咒骂《物种起源》是"魔鬼的经典""禽兽的哲学"的时候，赫胥黎甘做"达尔文的斗犬"，挺身捍卫进化论，撰写了《进化论与伦理学》和《人类在自然界的位置》，阐发达尔文的学说。经过严复的译述，赫胥黎的著作成为维新领袖、辛亥精英、"五四"斗士改造中国的思想武器。爱因斯坦说法拉第在《电学实验研究》中论证的磁场和电场的思想是自牛顿以来物理学基础所经历的最深刻变化。

在科学元典里，有讲述不完的传奇故事，有颠覆思想的心智波涛，有激动人心的理性思考，有万世不竭的精神甘泉。

二

按照科学计量学先驱普赖斯等人的研究，现代科学文献在多数时间里呈指数增长趋势。现代科学界，相当多的科学文献发表之后，并没有任何人引用。就是一时被引用过的科学文献，很多没过多久就被新的文献所淹没了。科学注重的是创造出新的实在知识。从这个意义上说，科学是向前看的。但是，我们也可以看到，这么多文献被淹没，也表明划时代的科学文献数量是很少的。大多数科学元典不被现代科学文献所引用，那是因为其中的知识早已成为科学中无须证明的常识了。即使这样，科学经典也会因为其中思想的恒久意义，而像人文领域里的经典一样，具有永恒的阅读价值。于是，科学经典就被一编再编、一印再印。

早期诺贝尔奖得主奥斯特瓦尔德编的物理学和化学经典丛书"精密自然科学经典"从 1889 年开始出版，后来以"奥斯特瓦尔德经典著作"为名一直在编辑出版，有资料说目前已经出版了 250 余卷。祖德霍夫编辑的"医学经典"丛书从 1910 年就开始陆续出版了。也是这一年，蒸馏器俱乐部编辑出版了 20 卷"蒸馏器俱乐部再版本"丛书，丛书中全是化学经典，这个版本甚至被化学家在 20 世纪的科学刊物上发表的论文所引用。一般把 1789 年拉瓦锡的化学革命当作现代化学诞生的标志，把 1914 年爆发的第一次世界大战称为化学家之战。奈特把反映这个时期化学的重大进展的文章编成一卷，把这个时期的其他 9 部总结性化学著作各编为一卷，辑为 10 卷"1789—1914 年的化学发展"丛书，于 1998 年出版。像这样的某一科学领域的经典丛书还有很多很多。

科学领域里的经典，与人文领域里的经典一样，是经得起反复咀嚼的。两个领域里的经典一起，就可以勾勒出人类智识的发展轨迹。正因为如此，在发达国家出版的很多经典丛书中，就包含了这两个领域的重要著作。1924 年起，沃尔科特开始主编一套包括人文与科学两个领域的原始文献丛书。这个计划先后得到了美国哲学协会、美国科学促进会、美国科学史学会、美国人类学协会、美国数学协会、美国数学学会以及美国天文学学会的支持。1925 年，这套丛书中的《天文学原始文献》和《数学原始文献》出版，这两本书出版后的 25 年内市场情况一直很好。1950 年，沃尔科特把这套丛书中的科学经典部分发展成为"科学史原始文献"丛书出版。其中有《希腊科学原始文献》《中世纪科学原始文献》和《20 世纪（1900—1950 年）科学原始文献》，文艺复兴至 19 世纪则按科学学科（天文学、数学、物理学、地质学、动物生物学以及化学诸卷）编辑出版。约翰逊、米利肯和威瑟斯庞三人主编的"大师杰作丛书"中，包括了小尼德勒编的 3 卷"科学大师杰作"，后者于 1947 年初版，后来多次重印。

在综合性的经典丛书中，影响最为广泛的当推哈钦斯和艾德勒 1943 年开始主持编译的"西方世界伟大著作丛书"。这套书耗资 200 万美元，于 1952 年完成。丛书根据独创性、文献价值、历史地位和现存意义等标准，选择出 74 位西方历史文化巨人的 443 部作品，加上丛书导言和综合索引，辑为 54 卷，篇幅 2 500 万单词，共 32 000 页。丛书中收入不少科学著作。购买丛书的不仅有"大款"和学者，而且还有屠夫、面包师和烛台匠。迄 1965 年，丛书已重印 30 次左右，此后还多次重印，任何国家稍微像样的大学图书馆都将其列入必藏图书之列。这套丛书是 20 世纪上半叶在美国大学兴起而后扩展到全社会的经典著作研读运动的产物。这个时期，美国一些大学的寓所、校园和酒吧里都能听到学生讨论古典佳作的声音。有的大学要求学生必须深研 100 多部名著，甚至在教学中不得使用最新的实验设备，而是借助历史上的科学大师所使用的方法和仪器复制品去再现划时代的著名实验。至 20 世纪 40 年代末，美国举办古典名著学习班的城市达 300 个，学员 50 000 余众。

相比之下，国人眼中的经典，往往多指人文而少有科学。一部公元前 300 年左右古希腊人写就的《几何原本》，从 1592 年到 1605 年的 13 年间先后 3 次汉译而未果，经 17 世纪初和 19 世纪 50 年代的两次努力才分别译刊出全书来。近几百年来移译的西学典籍中，成系统者甚多，但皆系人文领域。汉译科学著作，多为应景之需，所见典籍寥若晨星。借 20 世纪 70 年代末举国欢庆"科学春天"到来之良机，有好尚者发出组译出版"自然科学世界名著丛书"的呼声，但最终结果却是好尚者抱憾而终。20 世纪 90 年代初出版的"科学名著文库"，虽使科学元典的汉译初见系统，但以 10 卷之小的容量投放于偌大的中国读书界，与具有悠久文化传统的泱泱大国实不相称。

我们不得不问：一个民族只重视人文经典而忽视科学经典，何以自立于当代世界民族之林呢？

三

科学元典是科学进一步发展的灯塔和坐标。它们标识的重大突破，往往导致的是常规科学的快速发展。在常规科学时期，人们发现的多数现象和提出的多数理论，都要用科学元典中的思想来解释。而在常规科学中发现的旧范型中看似不能得到解释的现象，其重要性往往也要通过与科学元典中的思想的比较显示出来。

在常规科学时期，不仅有专注于狭窄领域常规研究的科学家，也有一些从事着常规研究但又关注着科学基础、科学思想以及科学划时代变化的科学家。随着科学发展中发现的新现象，这些科学家的头脑里自然而然地就会浮现历史上相应的划时代成就。他们会对科学元典中的相应思想，重新加以诠释，以期从中得出对新现象的说明，并有可能产生新的理念。百余年来，达尔文在《物种起源》中提出的思想，被不同的人解读出不同的信息。古脊椎动物学、古人类学、进化生物学、遗传学、动物行为学、社会生物学等领域的几乎所有重大发现，都要拿出来与《物种起源》中的思想进行比较和说明。玻尔在揭示氢光谱的结构时，提出的原子结构就类似于哥白尼等人的太阳系模型。现代量子力学揭示的微观物质的波粒二象性，就是对光的波粒二象性的拓展，而爱因斯坦揭示的光的波粒二象性就是在光的波动说和微粒说的基础上，针对光电效应，提出的全新理论。而正是与光的波动说和微粒说二者的困难的比较，我们才可以看出光的波粒二象性学说的意义。可以说，科学元典是时读时新的。

除了具体的科学思想之外，科学元典还以其方法学上的创造性而彪炳史册。这些方法学思想，永远值得后人学习和研究。当代诸多研究人的创造性的前沿领域，如认知心理学、科学哲学、人工智能、认知科学等，都涉及对科学大师的研究方法的研究。一些科学史学家以科学元典为基点，把触角延伸到科学家的信件、实验室记录、所属机构的档案等原始材料中去，揭示出许多新的历史现象。近二十多年兴起的机器发现，首先就是对科学史学家提供的材料，编制程序，在机器中重新做出历史上的伟大发现。借助于人工智能手段，人们已经在机器上重新发现了波义耳定律、开普勒行星运动第三定律，提出了燃素理论。萨伽德甚至用机器研究科学理论的竞争与接受，系统研究了拉瓦锡氧化理论、达尔文进化学说、魏格纳大陆漂移说、哥白尼日心说、牛顿力学、爱因斯坦相对论、量子论以及心理学中的行为主义和认知主义形成的革命过程和接受过程。

　　除了这些对于科学元典标识的重大科学成就中的创造力的研究之外，人们还曾经大规模地把这些成就的创造过程运用于基础教育之中。美国几十年前兴起的发现法教学，就是在这方面的尝试。近二十多年来，兴起了基础教育改革的全球浪潮，其目标就是提高学生的科学素养，改变片面灌输科学知识的状况。其中的一个重要举措，就是在教学中加强科学探究过程的理解和训练。因为，单就科学本身而言，它不仅外化为工艺、流程、技术及其产物等器物形态，直接表现为概念、定律和理论等知识形态，更深蕴于其特有的思想、观念和方法等精神形态之中。没有人怀疑，我们通过阅读今天的教科书就可以方便地学到科学元典著作中的科学知识，而且由于科学的进步，我们从现代教科书上所学的知识甚至比经典著作中的更完善。但是，教科书所提供的只是结晶状态的凝固知识，而科学本是历史的、创造的、流动的，在这历史、创造和流动过程之中，一些东西蒸发了，另一些东西积淀了，只有科学思想、科学观念和科学方法保持着永恒的活力。

　　然而，遗憾的是，我们的基础教育课本和科普读物中讲的许多科学史故事不少都是误讹相传的东西。比如，把血液循环的发现归于哈维，指责道尔顿提出二元化合物的元素原子数最简比是当时的错误，讲伽利略在比萨斜塔上做过落体实验，宣称牛顿提出了牛顿定律的诸数学表达式，等等。好像科学史就像网络上传播的八卦那样简单和耸人听闻。为避免这样的误讹，我们不妨读一读科学元典，看看历史上的伟人当时到底是如何思考的。

　　现在，我们的大学正处在席卷全球的通识教育浪潮之中。就我的理解，通识教育固然要对理工农医专业的学生开设一些人文社会科学的导论性课程，要对人文社会科学专业的学生开设一些理工农医的导论性课程，但是，我们也可以考虑适当跳出专与博、文与理的关系的思考路数，对所有专业的学生开设一些真正通而识之的综合性课程，或者倡导这样的阅读活动、讨论活动、交流活动甚至跨学科的研究活动，发掘文化遗产、分享古典智慧、继承高雅传统，把经典与前沿、传统与现代、创造与继承、现实与永恒等事关全民素质、民族命运和世界使命的问题联合起来进行思索。

　　我们面对不朽的理性群碑，也就是面对永恒的科学灵魂。在这些灵魂面前，我们不是要顶礼膜拜，而是要认真研习解读，读出历史的价值，读出时代的精神，把握科学的灵魂。我们要不断吸取深蕴其中的科学精神、科学思想和科学方法，并使之成为推动我们前进的伟大精神力量。

任定成

2005 年 8 月 6 日

北京大学承泽园迪吉轩

▲ 爱因斯坦 (Albert Einstein, 1879—1955)

◀ 14岁时的爱因斯坦和妹妹玛雅。根据玛雅的回忆："即使有一伙吵闹不休的人在周围，爱因斯坦也可以在沙发上躺下来，拿起笔和纸，把墨水瓶很不安全地放在背架上，全神贯注于一个问题的思考，周围的噪音非但没有打扰他，反而激发了他的思想。"

▶ 慕尼黑卢伊特波尔德中学（Luitpold-Gymnasium）。爱因斯坦曾在这里就读，该校在"二战"中被毁。那时候的德国高中过分强调人文学科，而不重视科学与数学。爱因斯坦在这里经常遭受打击，他后来很少提及这段不幸的日子。

▶ 1895年，爱因斯坦来到苏黎世以西的阿劳州立中学。与慕尼黑的学校相比，这里奉行的是瑞士教育改革家佩斯特拉齐的自由教育理念，专制主义气氛较少。

◀ 1896年爱因斯坦在中学毕业考试的法语作文中写道："如果能顺利通过考试，我将到苏黎世联邦理工学院攻读数学和物理"。图为在苏黎世联邦理工学院读书时的爱因斯坦。

▲ 爱因斯坦时期的苏黎世联邦理工学院的物理楼。大学里并没有太多让他感兴趣的理论物理学课程，爱因斯坦常常逃课，以自学著称。

▲ 大学时期的爱因斯坦偶尔去听音乐会或在Odeon 咖啡馆和朋友聊天。图为今日的Odeon咖啡馆

▲ 今日的苏黎世联邦理工学院。

爱因斯坦常常陶醉在美妙的古典音乐中，并在美的和谐中触摸宇宙的"神经"。他曾经说过，我的科学成就很多是从音乐启发而来的。音乐启迪着他的智慧和灵感，丰富着他的精神生活，为他潜心探索科学问题创造了必要的条件。正如钢琴家莫斯考夫斯基所说："扶摇直上的巴赫音乐使爱因斯坦不仅联想到耸入云端的哥特式教堂的结构形状，而且还联想到数学结构的严密逻辑。"

▶ 爱因斯坦一生喜欢拉小提琴，常常与朋友同事一起演奏。爱因斯坦的儿子汉斯说：与其说我的父亲是物理学家，不如说他是一位艺术家。

▼ 爱因斯坦在弹钢琴。巴赫和莫扎特是他最喜爱的音乐家。

▲ 退休后的爱因斯坦仍是一位出色的小提琴演奏者。1930年12月。他在驶离纽约的贝尔根兰号（Belgenland）邮轮上进行了一次彩排，在参加美国科学院的会议时，他总带着他那心爱的乐器。

▲ 爱因斯坦与大提琴家门德尔松（Francesco von Mendelssohn）和钢琴家埃斯纳（Brimp Eosner）一起在他位于柏林哈伯兰大街5号的家中。

▲ 1933年11月，爱因斯坦与大提琴手基斯金（Ossip Giskin）、小提琴手塞德尔（Toscha Seidel）和奥科（Bernard Ocko）在他普林斯顿的住所。

▲ 1923年2月25日，爱因斯坦与西班牙塔拉戈纳省Espluga Francoli村里的小孩子在一起。

▶ 约1950年，爱因斯坦与三个小女孩在聊天。

▶ 1946年9月，爱因斯坦抱着8个月大的小女孩。在照相时他说："将来她看起来一定会像意大利的圣母玛利亚画像。"

▲ 1949年，爱因斯坦与有幸躲过大屠杀的犹太难民的孩子们在普林斯顿的家中。

▲ 1951年7月13日爱因斯坦抱着他邻居的小孩。

◄ 自从1910年起，每年爱因斯坦的名字都会出现在诺贝尔物理学奖提名的名单中，这个过程堪称20世纪审美判断的一场较量。1922年，评审委员会决定绕过相对论这个"争论太多"的障碍，直接以光电效应定律的贡献把1921年空缺下来的物理学奖授予爱因斯坦。

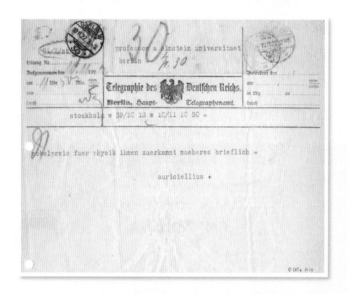

◄ 1922年11月10日，瑞典皇家科学院秘书代表诺贝尔委员会发送给爱因斯坦的电报："授予您诺贝尔物理学奖，详见后信。"也许让爱因斯坦感到好笑的是，授奖通知上面特别指出：他在获奖演说时仅限于正式的授奖理由，而不得提到相对论。1923年7月，爱因斯坦在瑞典哥德堡作获奖报告时，题目是"相对论的基本思想和报告"。

◄ 可以说，在爱因斯坦获奖过程的这场较量中，不仅相对论获得了最终的认可，而且理论物理学的重要研究方法也由此获得了重大的胜利。所以爱因斯坦获得诺贝尔物理学奖这一件事是一个分水岭，在科学美学历史发展的进程中有着非同一般的意义。

目　录

导　读

李醒民

（中国科学院《自然辩证法通讯》杂志社　教授）

Introduction to Chinese Version

　　要对20世纪的重大历史事件和人物做出恰当而中肯的评价，仍需假以漫长的时日。然而，我们现在完全可以自信地断定：爱因斯坦是20世纪最伟大的科学家、思想家和人——一个真正的人，他的深邃思想和高洁人格在21世纪依然熠熠生辉。

20 世纪的帷幕早已落下,但 20 世纪的"尘埃"还远不能说已经"落定"。要对 20 世纪的重大历史事件和人物做出恰当而中肯的评价,仍需假以漫长的时日。然而,我们现在完全可以自信地断定:爱因斯坦是 20 世纪最伟大的科学家、思想家和人——一个真正的人,他的深邃思想和高洁人格在 21 世纪依然熠熠生辉。

一、爱因斯坦:人类的伟人,科学的巨擘

爱因斯坦是光耀千秋的科学巨星,是物理学革命的先锋和主将,是现代科学的巨擘。在科学史上,能与之媲美的恐怕只有牛顿一人。在 20 世纪的科学交响乐中,爱因斯坦谱写了一串又一串美妙的音符,奏响了思想领域里最高的音乐神韵。

1905 年是爱因斯坦的"幸运年"。是年,晴空响霹雳,平地一声雷——爱因斯坦在德国《物理学年鉴》17 卷发表了著名的"三合一"论文,全面打开了物理学革命的新局面。

第一篇论文是《关于光的产生和转化的一个启发性的观点》,即光量子论文,写于 1905 年 3 月。爱因斯坦在其中大胆提出了光量子假设:从点光源发出来的光束的能量在传播中不是分布在越来越大的空间中,而是由个数有限的、局限在空间各点的能量子组成,这些能量子能够运动,但不能再分割,只能整个地吸收或产生出来。从这一假设出发,他讨论和阐释了包括光电效应在内的九个具体问题。这篇论文的确是"非常革命的",它使沉寂了四年之久的普朗克的辐射量子论得以复活,并拓展到光现象的研究

◀ 1950 年 2 月 10 日,埃利奥特·罗斯福(Elliott Roosevelt)在爱因斯坦的普林斯顿家中对他进行采访。两天后,爱因斯坦关于氢弹的危险以及呼吁在世界政府领导下和平共处的录像声明在电视节目《今日和罗斯福夫人有约》中播出。

之中。它直接导致了 1924 年德布罗意物质波的概念和 1926 年薛定谔波动力学的诞生。

第二篇论文是《热的分子运动论所要求的静液体中悬浮粒子的运动》，即布朗运动论文，写于 1905 年 5 月。该论文指出古典热力学对于可用显微镜加以区分的空间不再严格有效，并提出测定原子实际大小的新方法。这直接导致佩兰 1908 年的实验验证，从而给世纪之交关于原子实在性的旷日持久的论争最终画上句号。

第三篇论文是《论动体的电动力学》，即关于狭义相对论论文，写于 1905 年 6 月。这篇论文并非起源于迈克耳孙-莫雷实验。它由麦克斯韦电动力学应用到运动物体上要引起似乎不是现象所固有的不对称作为文章的开篇，通过引入狭义相对性原理和光速不变原理两个公设以及同时性的定义，从而推导出长度和时间的相对性及其变换式，一举说明了诸多现象。

紧接着在同年 9 月，爱因斯坦又完成了《物体的惯性同它所含的能量有关吗？》这篇不足三页的论文，通过演绎，轻而易举地导出了质能关系式 $E = mc^2$，得出"物体的质量是它所含能量的量度"的结论，从而叩开了原子时代的大门。

狭义相对论的提出是物理学中划时代的事件。它使力学和电动力学相互协调，变革了传统的时间和空间概念，提示了质量和能量的统一，把动量守恒定律和能量守恒定律联结起来。诚如德布罗意所说，它"像光彩夺目的火箭，在黑暗的夜空里突然划出一道短促而又十分强烈的光辉，照亮了广阔的未知领域。"

爱因斯坦的"三合一"论文是在八周内一气呵成的，当时他只是瑞士伯尔尼专利局一名默默无闻的小职员。奇迹是怎样发生的呢？

"问渠哪得清如许，为有源头活水来。"爱因斯坦自幼就具有强烈的好奇心和惊奇感。四五岁时，他为罗盘针以确定方式运动而好奇不已；十二岁时，一本欧几里得几何学小书的严谨证明使他惊奇万分。十六岁在阿劳州立中学上学时，他就无意中想到一个悖论：如果以光速 c 追随一条光线的运动，那么就应该看到,这样一条光线就好像一个在空间振荡而停滞不前的电磁场;可是,无论依据经验,还是按照麦克斯韦方程,看来都不会发生这样的事情。实际上,这个悖论包含着相对论的萌芽,爱因斯坦为此沉思了整整十年。

爱因斯坦主动自学、善于自学,他在中学、大学和"奥林比亚科学院"时期阅读了大量的科学和哲学著作。狭义相对论的先驱马赫对绝对时空观和力学自然观的批判给他以破旧的锐利武器,彭加勒对光速不变和同时性的分析给他以立新的思想启迪。在他明确意识到"时间是可疑的"之后,"追光悖论"迎刃而解,狭义相对论水到渠成。

在狭义相对论创立之后,爱因斯坦又一鼓作气,向广义相对论的峰巅发起冲击。可是在当时,狭义相对论本身既看不出什么疑点,又与实验事实没有一点矛盾。难怪普朗克迷惑不解地询问爱因斯坦:"现在一切都能明白地解释了,你为什么忙于另一个问题呢?"

追求科学的统一与和谐,是爱因斯坦终生不渝的科学信念。他一开始就对狭义相对论仍然给惯性系保留优越地位不满;尽管他在其中已废除了以太这一绝对静止的惯性参照系的优越地位,但他仍意欲使一切参照系平权。而且,由于质能等价原理与自由落体加速度不变的事实或惯性质量与引力质量相等的厄缶实验相矛盾,在狭义相对论的框架内也难以解决引力问题。

爱因斯坦擅长思想实验。对"追光"思想实验的思索,使他悟出光速不变及其中潜藏的时间可变性。同样,"升降机"思想实验使他悟出了等效原理:如果在一个空间范围很小的引力场内,我们不是引进一个惯性系,而是引进一个相对于它作加速运动的参照系,那么事物就会像在没有引力的空间里那样行动。爱因斯坦称这一发现是他"一生中最愉快的思索"。

1907 年,爱因斯坦就相对性原理和引力发表了他的思考结果。在这里,建造广义相对论的两大公理已经成形。其一是(广义)相对性原理:"是否可以设想,相对性运动原理对于相互做加速运动的参照系也仍然成立?"其二是等效原理:"引力场同参照系的相当的加速度在物理学上完全等价。"同时,他还推导出三个具体结论:在引力场中,时钟延缓,光谱红移,光线弯曲。

爱因斯坦此后的探索异常艰苦,而且数次走了弯路。其根本原因在于,要使人们从坐标必须具有直接的度规意义下解放出来,确实是一件不容易的事情,此外还有数学上的障碍、对普遍协变性的错误限制等。1913年,他在数学家格罗斯曼的帮助下,运用绝对微分或张量分析,用十个独立的度规分量表示引力场方程。直到1915年,他才重返场方程普遍的协变性,而不再把实在归于坐标系,从而在当年11月完成了广义相对论的标准版本——《广义相对论的基础》。

广义相对论逻辑形式严谨雅致,囊括内容丰富新颖。它把牛顿引力理论和狭义相对论作为极限或特例包容其中,它揭示了时空和物理客体的密切关联。诚如玻恩所说:"广义相对论是人类认识大自然的最伟大的成果,它把哲学的深奥、物理学的直观和数学的技艺令人惊叹地结合在一起";它也"是一件伟大的艺术品,供人远远欣赏和赞美"。

广义相对论圆满地说明了使人长期迷惑的水星近日点的进动。它所预言的引力红移在1924年被观察证实。尤其是1919年,英国科学家在日全食时观测到星光经过太阳附近时确实发生偏折,且与爱因斯坦的预言值相当吻合。从此,爱因斯坦名扬四海,照片不时见诸报刊。可是,他一向把荣耀视为累赘,"厌恶为相对论大叫大嚷",认为相对论热是"赶时髦"。他多次表示不愿做头顶花环的象征性的领头羊,只愿作纯朴羊群中的一只普通羊。

借助广义相对论的成果,爱因斯坦在1916年作出了引力波的预言,在1917年开创了宇宙学的研究——这导致了1946年的宇宙大爆炸理论的创立。

从1905年提出光量子论开始,爱因斯坦基于统计涨落思想,也在量子论领域孜孜求索。他说:"我在量子问题上费的心思,是广义相对论的一百倍。"在量子论几乎遭到老一辈物理学家的一致反对,连在 1900 年提出能量子概念和第一个支持狭义相对论的普朗克也不例外时,爱因斯坦特立独行,孤军奋战。

1906 年 3 月,他完成了《论光的产生和吸收》的论文,论述了光量子和普朗克公式的关系,推导出伏打效应和光电散射之间的关系。同年 11 月,他又撰写了《普朗克的辐射理论和比热理论》,证明量子论导致对热分子运动论的修正,并由此得到固体热学行为和光学行为的某种联系,说明了固体和低温下多原子气体比热的异常。1907 年,他讨论了热力学量子的相对论性变换。1909 年,他论述了热平衡附近电磁辐射的能量涨落,在历史上首次表述了波粒二象性思想。1912 年,他把光量子概念应用于光化学现象研究,推导出光化学定律。1916 年,他在综合量子论发展成就的几篇论文中重新推导出黑体辐射定律,剖析了光量子的动量性质,提出受激发射概念——这是 20 世纪60 年代发展起来的激光技术的基础。1923 年,他一眼看出德布罗意关于物质波论文的重要意义,由衷地赞赏"厚帷幄的一角被德布罗意揭开了"。1924 年,他被印度青年物理学家玻色的光量子统计论文吸引,立即把它译为德文并推荐发表。他在此基础上深入钻研,把它与物质波联系起来,发现了凝聚现象,提出单原子气体的量子统计理论即玻色-爱因斯坦统计。薛定谔正是在爱因斯坦思想的启迪下,沿着这条路线走向波动力学的。

爱因斯坦在征服量子现象这片荒原的斗争中是开拓者和先驱者。物理学史家派斯中肯地评论说:"爱因斯坦不仅是量子论的三元老(普朗克、爱因斯坦、玻尔)之一,而且是波动力学的唯一教父。"

在科学生涯的最后三十年,爱因斯坦几乎把他的科学兴趣和精力全都投入统一场论。他的目标是,使引力理论和电磁理论对应于一个统一的空间结构,从而为相对论和量子力学的综合谋求一个在逻辑上满意的基础,一举消除场和粒子分立的、丑陋的二元论。他认为这是相对论发展的第三阶段。

爱因斯坦一旦为自己设定了值得追求的目标，他就会以坚定的意志和顽强的毅力，数十年如一日地苦斗下去。他看不起或避重就轻，或知难而退的人。他说："我不能容忍那些拿起一块木板，寻找最容易钻孔的、最薄弱的部分打许多洞的物理学家。"

爱因斯坦最后一项重大科学成果是，他和两位助手在 1937 年从广义相对论的引力场方程推导出运动方程，进一步揭示出时空、物质和运动的统一性。但是在统一场论方面，虽然他绞尽脑汁、多方尝试，直到弥留之际还在进行数学计算，却仍然没有从上帝的口袋内掏出底牌。

爱因斯坦没有取得最终成功的主要原因在于，他的统一场论思想超前了整整一两代人，当时既没有合适的数学工具，也没有其他相互作用的事实和理论可供利用。但是，爱因斯坦设定的目标、指出的方向、采用的方法、提出的问题、克服的困难，乃至遇到的挫折，都给后来者以莫大的启示。20 世纪 60 年代后期以来相继出现的各种规范场理论或大统一理论，都是爱因斯坦思想的自然继续。爱因斯坦的统一之梦正在稳步地、部分地得以实现。其实，爱因斯坦早在 1948 年就有先见之明："我完不成这项工作了；它将被遗忘，但是将来会被重新发现。历史上这样的先例很多。"

爱因斯坦给我们留下了丰厚的科学遗产。为此，他于 1921 年因光电效应定律的发现荣获诺贝尔奖。其实，按照该奖项的标准，爱因斯坦至少还可以因狭义相对论、布朗运动理论、质能关系式、广义相对论以及固体比热的量子理论、受激辐射理论、玻色-爱因斯坦统计、宇宙学等再获七八次奖。爱因斯坦的科学遗产不仅在很大程度上决定了 20 世纪物理学的发展方向，而且在 21 世纪还会焕发出感人至深的力量。

二、爱因斯坦的科学哲学

爱因斯坦从历史上的哲学大师和哲人科学家那里，尤其是从批判学派（马赫、彭加勒、迪昂、奥斯特瓦尔德、皮尔逊）汲取了丰厚的哲学营养［他在少年时代、大学期间和奥林比亚科学院时期（1902—1905）认真研读了许多哲学著作］，加上面对的问题的驱使和鄙弃像"辉煌的海市蜃楼"一样的"主观安慰物"的哲学体系，因此他的科学哲学没有晦涩难懂的生造术语，没有眼花缭乱的范畴之网，没有洋洋自得的庞大体系。但是，它却包含着丰富的思想内涵和敏锐的哲学洞见，具有鲜活的现实品格和启迪睿智。诚如赖欣巴赫所说："爱因斯坦的工作比许多哲学家的体系包含着更多的固有哲学。"爱因斯坦的科学哲学包括以下五种构成要素：

（一）温和经验论思想

青少年时代的爱因斯坦在通俗自然科学书籍、休谟、批判学派的影响下，持有强烈的怀疑经验论或批判经验论倾向。在广义相对论建立后，他在科学理论的起点和终点对经验论加以弱化和再定位。在起点，经验只是引起理论家建构的冲动，仅对概念和原理（公理）的形成起提示作用，因此，表面的现象、单纯的观察、个别的经验对理论家的作用并不是很大。在终点，他对经验对功能也做出恰当的限制。第一，检验理论的经验是经验的"总和"或"复合"，而不是单个的经验或经验原子。第二，把经验的证实（verification）冲淡为经验的确认（confirmation）。第三，用"内部的完美"这一辅助的价值标准补充和限定"外部的确认"这一根本的或终极的经验标准，从而构成所谓的双标尺评价系统。第四，由于导出命题同经验总和之间的联系也是直觉的，且比公理体系同经验总和之间的联系更松弛、更不确定，因此不管证实、确认还是证伪，都呈现出十分复杂的状况。

以此为据，爱因斯坦坚决反对经验论的激进变种实证论，明确不满经验论的方法论归纳法。总之，爱因斯坦汲取了经验论的合理内核，并使之双向弱化，从而形成他的科学哲学中的温和经验论的要素。但是，爱因斯坦即使在早期也不是经验论者，更不必说是"纯粹的经验论者"（赖泽尔）了。也不存在霍耳顿所谓的从"感觉论和经验论"到"理性论的实在论"的质变式的转变，因为爱因斯坦的科学哲学在早期就具有多元张力的特征，变化的只是各元之间张力大小的调整和均衡，而不是排斥或去掉哪一元。

（二）基础约定论思想

爱因斯坦汲取了约定论的创始人和集大成者彭加勒以及亥姆霍兹、马赫、迪昂、石里克等人的思想，通过自己的科学实践和深刻反思，对约定论作了较为系统的阐释与发展，把它作为一条重要的方法论原则，用来构筑物理学理论的基础（逻辑前提），从而使这一源远流长的哲学在现代科学上焕发出新的活力，形成了他的基础约定论思想。

爱因斯坦对约定论的阐释与发展在于：第一，明确阐述了科学理论体系的结构，严格界定约定主要在构筑科学理论的逻辑前提即基本概念和基本原理时起重大作用。第二，响亮地提出了基本概念和基本原理是思维的自由创造、理智的自由发明，阐明了从感觉经验达到它们的直觉（非逻辑）途径及微妙关系。第三，形象地阐明了对基本概念和基本原理的选择的自由是一种类似猜字谜的特殊自由，并明确指出选择的双重标准。第四，严格区分了作为纯粹命题集的非解释系统和与感觉经验或实在相联系的解释系统，指出真理仅适合于后一种系统（这在他关于几何学与经验和实在的关系中阐述得尤为详尽）。爱因斯坦的科学信念——客观性、可知性、和谐性、统一性、简单性、因果性、不变性（协变性）——在某种意义上是最根本、更深邃的约定，即是约定式的科学预设。

（三）意义整体论思想

整体论以及其中蕴含的不充分决定论（underdetermina-tion）即经验无法充分地决定理论的取舍，是爱因斯坦科学哲学思想的重要组成部分。爱因斯坦的整体论思想源于迪昂、彭加勒，并在与石里克的通信和他本人的科学实践中加以磨砺和精制，以至从迪昂的理论整体论逐渐走向意义整体论（1949 年），从而在科学哲学史上留下了不可磨灭的一页。

无论是马赫还是马赫的追随者弗兰克等人，都没有清醒地认识到马赫的实证论与迪昂的整体论的分歧。唯有爱因斯坦，一开始就意识到迪昂理论整体论的深层意蕴，以此平衡马赫的实证论，并把它从科学理论的认识论发展到科学词汇表的语义学或意义整体论（单个概念或命题并不具有独立的经验意义）。这种意义整体论思想不仅先于奎因（1951 年）两年提出，而且它实际上包含着对经验论的两个教条的明确反对。因此，爱因斯坦是意义解放的先驱。

爱因斯坦的整体论的不充分决定论和约定论的理论多元论承诺，在经验上等价的不同理论并非仅仅是表达方式的差异，而是在理论的深刻的本体论水平上对应着不同的实在。这意味着，对应于同一经验总和的不同理论在层次上是不同的：理论进化得越深入，逻辑前提越简单，其本体论的物理实在越深奥。正是在这种意义上，他反对科学实在论的终极的、不变的物理实在观，也反对新康德主义的先验论以及石里克、卡尔纳普等逻辑经验论者的分析-综合命题绝然二分和意义证实原则。至于波普尔把爱因斯坦描绘成一个证伪主义者，实在是大大误解了爱因斯坦，其原因在于他忽视了爱因斯坦的整体论和约定论思想的鲜明性和重要性。

（四）科学理性论思想

科学理性论是爱因斯坦式的理性论，是古代理性论和近代理性论的现代版本,是爱因斯坦把他所汲取的传统理性论的思想精髓与他所创造的现代科学的思想成果加以切磋琢磨的产物。它充分体现了现代科学的理论进路、思想意向和精神气质,成为 20 世纪科学哲学的主旋律之一。

笛卡儿、斯宾诺莎、休谟、康德和哲人科学家开普勒、伽利略、牛顿、德国哲人科学家群体(基尔霍夫、亥姆霍兹、赫兹、玻耳兹曼、黎曼、弗普尔等)、彭加勒、普朗克都对爱因斯坦科学理性论的形成有所影响,但是爱因斯坦却依据现代科学的实践和意向对传统的理性论进行了改造和深化,清除了其中的观念论和先验论的因素,加强了它的实在论倾向,同时又坚持了它的合理的基本原则,从而在经验论和理性论之间保持了必要的张力。爱因斯坦科学理性论的典型表述之一是:"迄今为止,我们的经验已经有理由使我们相信,自然界是可以想象到的最简单的数学观念的实际体现。我坚信,我们能够用纯粹数学构造来发现概念以及把这些概念联系起来的定律,这些概念和定律是理解自然现象的钥匙。经验可以提示合适的数学概念,但是数学概念无论如何不能从经验中推导出来。当然经验始终是数学构造的物理效用的唯一判据。但是这种创造的原理却存在于数学之中。因此,在某种意义上,像古代人梦想的,纯粹思维可以把握实在,这种看法是正确的。"

这一精彩论述充分展现了科学理性论的本体论、认识论和方法论的原则性主张。这种从现代科学的土壤中萌生,适应现代科学需要的科学理性论具有以下鲜明的特色:它是科学自己的哲学;它立足于实在论的地基上;清除了传统理性论中的先验因素并反对极端理性论;它与其对立面经验论保持了必要的张力;把探索性的演绎法作为自身的方法论;抛弃了科学观念的"显然性"。

(五)纲领实在论思想

爱因斯坦的实在论思想早在少年时代就确立起来,他从此一直相信存在着独立于人的、能为观察和思维把握的外在世界。

后来在玻耳兹曼、普朗克等人的影响下，他在自己的早期科学中也体现了实在论思想。以 1915 年爱因斯坦与石里克的通信为契机，尤其是对物理科学的历史、现状和理论基础的哲学反思，他逐渐精制了他的物理实在观和实在论思想，终于形成了他的独树一帜的纲领实在论（叔本华思想的启示功不可没）。

爱因斯坦的物理实在论包含着双重实在：本体实在和理论实在。本体实在常被爱因斯坦称为外部世界、物理世界、实在世界、客观实在和存在的实在等，它们在其外在性而非不可知的意义上相当于康德意义上的"物自体"。理论实在是物理学理论中的概念化的实在，物理学家正是用它来建构简化的和易于领悟的世界图像，从而思辨地、直觉地把握本体实在的。爱因斯坦不承认经验实在或常识实在，他明显不满意朴素实在论的观点。

爱因斯坦把物理实在（本体实在和理论实在）视为一种纲领，他把实在论科学化为一种建构实在论的物理学理论的研究纲领。因此，也许可以把爱因斯坦的科学实在论命名为纲领实在论。爱因斯坦把纲领实在论的内涵概括为实在的可分离性和定域性，他认为物理学家从来也没有怀疑过这个纲领的正确性。不过，就在他固守纲领实在论的年代，他也考虑过取代场论纲领的方案。他说他之所以坚持连续统一，并不是由于偏见，而是无法想象出任何有系统的东西代替它。在这里，只要我们回想一下爱因斯坦"我们关于物理实在的观念绝不会是最终的"言论，就会看到他最后的态度是多么合情合理、顺理成章，又是多么毋固、毋我，锐意进取。

综上所述，不难看出，爱因斯坦的科学哲学是一个由多元哲学构成的兼容并蓄、和谐共存的统一综合体。这些不同的乃至异质的哲学思想既相互限定、珠联璧合，又彼此砥砺、相得益彰，保持了恰到好处的"必要的张力"（难怪玻恩称赞爱因斯坦"是一位发现正确比例的能手"），从而显得磊落跌宕、气象万千。这种独特而微妙的哲学思想很难用一两个"主义"或"论"来囊括或称呼，我不妨称其为多元张力哲学。而且综观爱因斯坦一生的哲学思想之演变,这种多元张力哲学的特征基本上是一以贯之的,并不存在突然的转变或明显的断裂(更不存在早期的爱因斯坦和后期的爱因斯坦),变化的只是各元之间张力的增损和调整。

爱因斯坦的哲学本来是多极并存而又融为一体的多元张力哲学,可是许多哲学家和科学家(弗兰克、波普尔、费耶阿本德、法因、麦克斯韦等)却出于自己哲学体系的偏见,或囿于某种狭隘的认识论立场,极力从爱因斯坦的诸多言论中撷拾片言只语,作为证明自己看法的"铁证"和反对别人观点的"旗帜"。爱因斯坦这头"哲学巨象"被"肢解"了——在这里我们情不自禁地想起盲人摸象的寓言。爱因斯坦之所以自觉采取这样一种多元张力哲学,除科学问题的驱使和经验事实规定的外部条件的约束外,还在于他清醒地认识到,哲学史上任何一个认真的、严肃的、沉思的哲学派别,都有其长短优劣之处,都有其合理的积极因素。正确的思想方法是使它们和谐互补,而不是把某一元推向极端,或干脆排斥对立的一极。

三、爱因斯坦的社会哲学

作为一位伟大的哲学家和思想家,爱因斯坦还就广泛的社会政治问题和人生问题发表了许多文章,其数量并不少于他的科学论著,从而形成了他的见解独到的社会哲学和人生哲学。爱因斯坦之所以要分出部分宝贵的时间用于科学之外的思考,首先,是因为他深知,科学技术的成就"既不能从本质上多少减轻那些落在人们身上的苦难,也不能使人的行为高尚起来。"其次,热爱人类,珍视生命,尊重文化,崇尚理性,主持公道,维护正义的天性也不时激励他、促使他这样做。最后,在于他的十分强烈的激浊扬清的社会责任感:他希望社会更健全,人类更完美;他对社会上的丑恶现象决不熟视无睹,否则就觉得自己是犯同谋罪。

　　爱因斯坦的社会哲学内容极为丰富,极富启发意义。他的开放的世界主义,战斗的和平主义、自由的民主主义、人道的社会主义,以及他的远见卓识的科学观、别具慧眼的教育观、独树一帜的宗教观,至今仍焕发着理性的光华和理想的感召力,从而可以成为当今世界谱写和平与发展主旋律的美妙音符。

　　(一)开放的世界主义

　　爱因斯坦倡导世界主义和国际主义。他对国际主义的解释是:"国际主义意味着国家之间的合理性的关系,民族之间的健全的联合和理解,在不干涉民族习俗的情况下为相互促进而彼此合作"。在他看来,源于传统的和惯例的影响的国家特征并不与国际主义矛盾,而国际主义包含着文明人的共同理智因素。他多次号召科学家拥护国际主义事业,强调培育年轻人的国际主义精神。爱因斯坦所谓的"国际主义"是与下述的"世界主义"相通的。

　　爱因斯坦虽然对"世界主义"一词没有直接下定义,但是他用自己的言行表明,他总是站在全世界和全人类的立场来观察问题和处理问题,处处为人的长远利益、根本福祉和终极价值着想,憧憬建立一个和平、民主、自由、幸福的世界秩序和美好社会。事实上,爱因斯坦从"一战"时起就成为一位名副其实的世界主义者或世界公民,他从来也没有把自己同任何一个特定的国家联系在一起。

　　爱因斯坦认为,人具有"现在被民族自我中心主义推入幕后的崇高的共同情感,为此人的价值具有独立于政治和国界的有效性"。因此,他吁请人们增强对邻人的理解,公正地处理事务,乐于帮助同胞。关于世界主义与国家的关系,爱因斯坦的观点是"人类的福祉必须高于对自己国家的忠诚——事实上必须高于任何事物和一切事物"。"每一个国家的利益都必须服从更广泛的共同体的利益。"爱因斯坦世界主义的具体体现就是他始终如一倡导建立的超国家的维护世界和平的组织——世界政府或世界联邦。当然,他也注意到,世界政府弄不好也会变成暴力统治，为此他提出了诸多预防措施。

对于世界主义的对立面——民族主义或国家主义（nationalism），爱因斯坦持针锋相对的反对态度。他一针见血地指出，"民族虚荣心和妒忌心"是欧洲历史上邪恶的遗传病，"民族的自负和妄自尊大妨碍了悔罪之心的产生"；"为盲目的仇恨所支持的夸大的民族主义"是"我们时代的致命的疾病"；"民族主义是一种幼稚病，它是人类的麻疹"。爱因斯坦看到民族主义这种痼疾的危害和恶果是相当严重的："思想狭隘的民族主义处处使国际精神处于危险之中。""倘若民族主义的愤怒情绪进一步将我们吞没，我们就注定要灭亡。"他进而认为，种族灵魂的这种病症和精神错乱无法用海洋和国界来防止，必须下决心从个人自身克服做起，从而使每一个人摆脱民族利己主义和阶级利己主义。

爱因斯坦在反对狭隘民族主义的同时，也坚决反对民族压迫和种族歧视，同情和支持被压迫的弱小民族争取独立解放和自由平等的正义斗争。他对美国黑人的悲惨状况尤为关注，大力抨击歧视黑人的传统偏见是可悲的和不光彩的。他对备受侵略和苦难的中国人民也怀有兄弟般的情谊，在"九一八"事变和"七君子"事件中都发出了正义的呼声，对在香港和上海目睹的奴隶般的中国劳苦大众深表关注和同情。

爱因斯坦坚定地反对国家崇拜和极端的国家主义。他反复强调："没有余地要把国家和阶级奉为神圣，更不要说把个人奉为神圣了"。国家至上的概念正是煽起战争的强烈因索，很少有人能够逃脱这种"新式偶像"的煽动力量；这种煽动导致的领土问题和权力之争，"尽管已是陈腐的东西，但仍然压倒了共同幸福和正义的基本要求"。他这样揭穿国家主义的漂亮外衣："国家主义是对军国主义和侵略的理想诠释"，"却起了一个有感染力的、但却被误用了的名字——爱国主义。在刚刚过去的一个世纪中，这种虚假的偶像产生了不幸的、极其有害的影响。"在看待国家与个人的关系问题上，充分显露了爱因斯坦的人道情怀。

他说：真正可贵的不是政治上的国家，而是有创造性的、有感情的个人，是人格。国家不是目的，国家不仅是而且应该是它的公民手中的工具。

爱因斯坦更是旗帜鲜明地反对国家主义的极端即沙文主义。他一语中的：国家主义和沙文主义是世界上诸多罪恶的渊薮，而沙文主义极易从国家主义的病体中滋生。他谴责德国人用脊髓置换了脑髓，用兽性代替了理性，必须为大屠杀负责并应受到惩罚。作为一个犹太人，他对犹太性和犹太复国主义的态度，也体现了他的世界主义和反民族主义立场，以及主持正义、株守公道、襟怀坦白的品格。

（二）战斗的和平主义

从 1914 年签署第一个反战声明，到 1955 年签署罗素-爱因斯坦废止战争宣言，爱因斯坦为反对战争、争取和平奔走呼号，殚精竭虑，奋斗了一生。在他的心目中，"人与人之间的善良意愿和地球上的和平"是"一切事业中，最伟大的事业"，保卫和平这一对人类来说生死攸关的事情是一个"伦理公设"，是每一个有良心的人都不能逃避的"道德责任"。爱因斯坦不是通过乞求、退缩，幻想强权恩赐和平，而是通过唤醒民众，奋起抗争，全力以赴地争取和平。诚如他本人所说："我不仅是和平主义者，而且是一个战斗的和平主义者。我愿为和平而斗争。"

爱因斯坦一生的和平活动分为三个时期："一战"爆发到纳粹窃权（1914—1933），纳粹窃权到"二战"（1933—1945），"二战"之后直至他逝世（1945—1955）。在第一个时期，他积极从事公开的和秘密的反战活动，号召拒服兵役，战后为恢复各国人民之间的相互谅解四处奔走，参与国际知识分子合作委员会。在第二个时期，他告别绝对和平主义，呼吁爱好和平的人民提高警惕，防止纳粹的进攻，并挺身而出反对德国军国主义和法西斯主义，反对英国的绥靖主义和美国的孤立主义。在第三个时期，他为根除战争加紧倡导世界政府的建立，大力反对冷战和核战争威胁，反对美国国内的政治迫害。

爱因斯坦反对战争、渴望和平的思想不是通过复杂的推理过程，而是通过对战争的恐怖、残暴以及它在物质上和精神上引起的毁灭和创伤的深切感受和强烈憎恶而径直地达到的。因此可以说，他的和平主义思想在某种程度上是本能的。不过，在这种憎恶战争本能的背后，也有某种深厚的思想底蕴，而且二者往往是交织在一起的。他多次谴责战争是"可耻和卑劣"的，是"最邪恶的行为"，它"严重危害世界文明的真正幸存"，是"原始时代的残酷而野蛮的遗风"。

爱因斯坦曾经对汤川秀树说过："我自己也是东方人。"这也许不仅仅是地理概念上的，恐怕更多的是就思想基础而言的。在爱因斯坦的和平主义思想中，我们不难发现儒家的仁爱平和、佛教的非暴力和四无量心的影子，尤其是犹太教和犹太人传统中的上帝之爱、生命神圣、十诫律法、和平和非暴力等，作为遗传基因已根植在他的心灵深处。

坚持生命神圣和珍爱文化价值是爱因斯坦反战的两个主要情感源泉和思想基础，此外，对自由的崇尚，对宇宙规律的敬畏，也增强了他反战卫和的责任感和使命感。因为战争危害人的自由，引起道德沦丧，人在战争中的堕落行为亵渎了庄严的宇宙规律，千百万人的任性屠杀与自然进程格格不入。考虑到纳粹德国咄咄逼人的侵略野心和除恶的国际环境，爱因斯坦具有改变自己主张的道义力量和道德勇气，也具有固守原则的坚定性和变换策略的灵活性。1933 年，他放弃了拒服兵役和绝对反战的斗争策略，为此受到一些反战团体和个人的误解乃至攻击。

爱因斯坦深思了战争的经济和政治根源，并从人的本性上进行了探讨。在此基础上，他提出废除战争、走和平之路的构想和行动。这就是，大张旗鼓地反对滋生战争温床、煽动侵略气焰、恶化国际气氛和毒害人们心灵的军国主义、法西斯主义、绥靖主义、孤立主义，大声疾呼，唤起社会的道义力量和人们的常识与良心；用和平主义思想教育青少年和广大民众，在人们心中永远播下和平的种子；采取各种必要的措施和具体的行动，以减少或根除爆发战争的可能性。

"二战"以后，随着冷战政治格局的出现和核武器这一达摩克利斯剑的高悬，爱因斯坦从维护和平大局和拯救人类免遭毁灭的目的出发，大力倡导新思维，并将其付诸坚决的、创造性的行动。这些新思维包括：坚决反对重新武装德国；时刻警惕冷战幽灵的存在；要和平，不要原子战争；必须制止美、苏的军备竞赛；和平共处应成为一切政治行动的指导思想。

（三）自由的民主主义

爱因斯坦是一位身体力行、彻头彻尾的民主主义者。他说："我的政治理想是民主主义。""我是一个信念十足的民主主义者。"而且，爱因斯坦的民主主义思想之特点是以自由为本位和取向的，因此可称其为自由的民主主义。与此同时，他的民主（主义）不仅仅是理想的和观念的，也是现实的和实践的。因为他深知："如果没有一批愿意为自己的信念抛头颅洒热血、具有强烈社会意识和正义感的男女勇士，那么人类社会就会陷于停滞，甚至倒退。"

在爱因斯坦看来，民主就是"在法律占优势的面前，存在着公民自由、宽容和全体公民的平等。公民自由意味着用言论和文字表达自己政治信念的自由；宽容意味着尊重他人的信念，而不管这些信念是什么。"他还特别强调，学术自由以及保护少数民族和宗教少数派，构成了民主的基础。使这一真理保持生命力，认清个人权利神圣不可侵犯的重要性，是教育的最重要任务。他也表明，每一个公民都有责任尽其所能地表白他的政治观点。如果有才智、有能力的公民忽视这种责任，那么健康的民主政治就不可能成功。尤其是，他也认清了民主既不是目的，也不是万能的："政府的民主形式本身不能自动地解决问题；但它为那些问题的解决提供了有用的框架。一切最后都取决于公民的政治品质和道德品质。"

爱因斯坦在崇尚和争取民主的同时，也无情地抨击和反对专制、极权和暴政。他在 1930 年说："在我看来，强迫的专制制度很快就会腐化堕落。因为暴力招引来的总是一些品质低劣的人，而且我相信，天才的暴君总是由无赖来继承，这是一条千古不易的规律。"他进而揭示出："专制政治的本质不仅在于一个实际上拥有无限权势的人把握权力这个事实，而且在于社会本身变成奴役个人的工具。"专制政治的独裁者企图把社会的基础放在权威、盲目服从强迫之上，极力破坏民主传统和人道精神，大肆推行国家主义、不宽容以及对个人实行政治迫害和经济压迫。他也对极权者和权欲熏心者大加抨击："开启权力之路所需的特质正是那些把生活变成地狱的特质。"他对"暴力征服珍贵的人的价值"痛心疾首，认为这是"我们时代令人发指的不幸"。但是，他坚信，极权者和独裁者的谎言、暴政和暴力终究是要失败的，有朝一日那些无法形容的滔天罪行都将受到惩罚。但是，所有的那些痛苦，所有的那些绝望，所有的那些毫无道理地被戕害的生命——所有这一切都是永远无法弥补的了。爱因斯坦爱憎分明的情感以及对人的价值和尊严之珍重，由此可见一斑。

在爱因斯坦的民主思想中，渗透了勇敢的自由精神——他是心灵最自由的人。在他看来，自由是这样一种社会条件：一个人不会因为他发表了关于知识的一般的和特殊的问题的意见和主张而遭受危险或者严重的迫害。这首先必须由法律来保证，但也要有宽容精神。除了这种外在的自由外，还有精神上的内在的自由：在思想上不受权威和社会偏见的束缚，也不受一般违背哲理的常规和习惯的束缚。按照爱因斯坦的一贯看法，"一个天生自由和严谨的人固然可以被消灭，但是这样的人绝不可能被奴役，或者被当作一个盲目的工具听任使唤。"为了求得自由和独立性，他说他宁可做管子工或沿街叫卖的小贩去谋生，也不做什么科学家、学者和教师。他一针见血地揭示出：在任何国家，只要他的公民被迫交出了出版、言论、集会和教学自由这些权利中的任何一个，就不应该把这样的国家视为文明国家，而只不过是一个具有麻痹的臣民的国家。爱因斯坦呼吁通过增强个人的道德感和责任感为人类的民主和自由事业作出贡献。

（四）人道的社会主义

爱因斯坦自称、也被学术共同体看作是社会主义者。他在1918 年就公开支持德国工人和士兵的 11 月革命和魏玛共和国的成立，对一年前爆发的俄国十月革命，他也表示同情和理解，对于马克思和列宁也怀有尊敬之情。但是，当他看到魏玛共和国后来没有履行它的伟大承诺时，当他对俄国及后来的苏联国内政治状况显露担忧和不满时，他确实感到十分失望。但是，他对民主和社会主义的信念从未动摇和改变，这种信念在 1949 年5 月发表的"为什么要社会主义？"达到高潮。不过，他肯定觉得苏联的社会主义并不是他心目中的社会主义："就我实际所理解的社会主义而言，今天那儿也不存在社会主义。"因为爱因斯坦的社会主义是人道的社会主义。

爱因斯坦的人道的社会主义来源于犹太人的传统和犹太复国主义的思想和实践，难怪他说："社会主义的要求多半是由犹太人提出来的，这绝不是偶然的。"犹太复国主义领导人和理论家大都具有民族主义和社会主义思想，爱因斯坦抵制了民族主义，而接受了社会主义。他去过巴勒斯坦，对具有人道主义和社会主义性质的犹太移民的"基布兹"和"莫夏夫"组织和社区大加称赞，这显然有助于加深他对社会主义的信念。他也受到德国和欧洲的社会主义思潮和社会民主党人的影响，以及马克思等人学说的直接或间接影响。一些有社会主义倾向的思想家的影响也值得引起注意，如波佩尔-林科伊斯、萧伯纳、马赫等。在维也纳学派和爱因斯坦之间，似乎也存在相互影响的问题，尤其是该学派的"左翼"汉思、纽拉特、弗兰克、卡尔纳普都具有明显的，乃至强烈的社会主义倾向。爱因斯坦的人道的社会主义也是他对当时所生活的资本主义世界的弊端（经济的无政府状态、寡头政治、对个人的摧残)和不公正作出的反应,这虽然不能说是有条理的研究的结果,但无论如何是审慎的观察和严肃的思考的结果。

爱因斯坦的社会主义思想是以人道为本的,他念念不忘社会主义应保障制度民主和个人自由。他说:"然而应该记住,计划经济还不就是社会主义。计划经济本身还可能伴随对个人的完全奴役。社会主义的建成,需要解决这样一些极端困难的社会政治问题;鉴于政治权力和经济权力的高度集中,怎样才有可能防止行政人员变得权力无限和傲慢自负呢?怎样才能使个人的权利得到保障,同时对于行政权力能够保持一种民主的平衡力量呢?"爱因斯坦在半个世纪之前提出的这些问题并非杞人忧天,而且在此之前他就尖锐地批评苏联在上层从利己动机出发、利用肮脏手段进行权力斗争,在下层对个人和言论自由大加压制。

爱因斯坦是伟大的人道主义者,他的人道主义思想是科学人道主义(卡尔纳普意义上的)和伦理人道主义(人们在日常生活中的行为应该建立在逻辑、真理、成熟的伦理意识、同情和普遍性的社会需要的基础上)的综合物。如果说爱因斯坦的宇宙宗教感情是探索科学的高尚动机的话,那么科学的和伦理的人道主义则是爱因斯坦处理社会和个人问题的圣洁情怀,是他的社会主义思想的立足之本。如果说科学人道主义更多地来自古希腊精神所导致的创造源泉和爱因斯坦的科学实践的话,那么追根溯源,他的伦理人道主义则来自犹太教《圣经》所规定的人道方面的原则——无此则健康愉快的人类共同体便不能存在。他把人道主义视为欧洲的理想和欧洲精神的本性,并揭示出它所包含的丰富内容和宝贵价值:观点的自由表达,某种程度上的个人的自由意志,不考虑纯粹功利而向客观性的努力,鼓励在心智和情趣领域里的差异。

与尊重人道原则相伴随,爱因斯坦也十分重视争取和捍卫人权。他所理解的人权实质上指的是:保护个人,反对别人和政府对他的任意侵犯；要求工作并从工作中取得适当报酬的权利；讨论和教学的自由；个人适当参与组织政府的权利。他强调还有一种注定非常重要的、但却不常被提及的人权，那就是个人有权利和义务不参与他认为是错误的和有害的活动。爱因斯坦看到，尽管现今上述内容中的一些在理论上已得到承认，但它们在实际上却受到很大的摧残。他义无反顾地指出："人权的存在和有效性不是从天上掉下来的……历史中充满了争取人权的斗争，这是无休止的斗争，它的最后胜利老是在躲开我们。但要厌倦这种斗争，就意味着要引起社会的毁灭。"

在爱因斯坦的科学观、教育观和宗教观中，也蕴含着社会哲学的思想宝藏。鉴于篇幅关系，此处不拟赘述。爱因斯坦的科学理论是象牙塔内的阳春白雪，但他却走出象牙之塔，积极勇敢地投身到有益的社会政治活动中去。他心里清楚，"在政治这个不毛之地上浪费许多气力原是可悲的"。他也看透了，"政治如同摆钟，一刻不停地在无政府状态和暴政状态之间来回摆动。其原动力是人们长期的、不断重现的幻想。"他也明白，"有必要从大规模的社会参与中解脱出来"，否则"便不能致力于我的平静的科学追求了"。但是，追求真善美的天生本性，疾恶假恶丑的激情良知，以及"不要统治，但要服务"的道德心和使命感，又促使他用相当多的宝贵时间关注人类事务。他在 1933 年致劳厄的信中说："我不同意你的观点：科学家对政治问题，在比较广泛的意义上讲是对人类事务应该保持沉默。德国的状况表明，随便到什么地方，这样的克制将导致把领导权不加抵抗地拱手交给那些愚昧无知的人或不负责任的人，这样的克制难道不是缺乏责任心的表现吗？假定乔尔达诺·布鲁诺、斯宾诺莎、伏尔泰和洪堡这样的人都以如此方式思考和行动，那么我们会是一种什么处境呢？我不会为我说过的每一个词感到后悔，我相信我的行为是有益于人类的。"

在爱因斯坦看来，缄默就是同情敌人和纵容恶势力，只能使情况变得更糟。科学家有责任以公民身份发挥他的影响，有义务变得在政治上活跃起来，并且要有勇气公开宣布自己的政治观点和主张。如果人们丧失政治洞察力和真正的正义感，那么就不能保障社会的健康发展。爱因斯坦揭示出，科学家对社会问题和政治问题之所以不感兴趣，其原因在于智力工作的不幸专门化，从而造成对政治问题和人的问题的愚昧无知，必须通过耐心的政治启蒙来消除这种不幸。他号召人们像荷兰大科学家洛伦兹那样去思想、去认识、去行动，决不接受致命的妥协。为了保卫公理和人的尊严而不得不战斗的时刻，我们决不逃避战斗。当然，他也认识到，既要从事呕心沥血的脑力劳动，还要保持做一个完整的人，确实是困难的。但是，他并未像有些知识分子那样躲避政治，或在碰到政治问题时采取阻力最小的政策，他以自己的实际行动表明，他是一个一身正气的完整的人。

四、爱因斯坦精神及当代意义

爱因斯坦是千百年难得一遇的历史人物。他不仅创造了划时代的科学理论和新颖深邃的哲学及社会政治思想，而且也以自己的切实行动为世人树立了为人处世的光辉范例。这一切，凝聚成一种博大而丰厚的精神——一种令人"高山仰止、景行行止"的精神——我姑且命名其为"爱因斯坦精神"（Einstein's spirit）。

爱因斯坦精神包括哪些值得我们学习和效仿的内涵呢？我觉得主要有以下几个方面。

（一）自由的心灵

爱因斯坦可以说是世界上最自由的人，他的心灵是最自由的心灵。他的"狂热的自由思想"肇始于他中止宗教信仰、选择献身科学的少年时代，后来他深谙、躬行、光大了斯宾诺莎的自由之道,把自由看得比任何东西都珍贵。他多次引用别人对海涅的评论:"他为上帝效劳,这个上帝比所有奥林比亚诸神都伟大。我指的是自由上帝。"作为一个自由思想者,他像海涅一样终生为自由上帝效劳。

在爱因斯坦看来,自由既是一种外在的社会条件(一个人不会因为他发表了关于知识的一般的和特殊的问题的意见和主张而遭受危险或者严重的损害),也是内在的心理状态(在思想上不受权威、社会偏见以及一般违背哲理的常规和习惯的束缚)。前者是所谓的"外在的自由",是思想进步的保障;后者是所谓的"内心的自由",是思想进步的根据。尤其是内心的自由,是大自然难得赋予人们的一种礼物,也是值得个人追求的一个目标。爱因斯坦认清了自由的个人意义和社会意义:"只有不断地、自觉地争取外在的自由和内心的自由,精神上的发展和完善才有可能,由此人类的物质生活和精神生活才有可能得到改造。"

爱因斯坦深知,自由是起源于古希腊、发祥于意大利的欧洲精神遗产和核心价值,是用纯洁而伟大的殉道者的鲜血和生命换来的无价之宝,它甚至比生命还要宝贵——"个人自由给我们带来了知识和发明的每一个进展,要是没有个人自由,每一个有自尊心的人都会觉得生命不值得活下去。"正因为如此,爱因斯坦为争取和捍卫个人自由和个人权利而不遗余力。他指出,任何限制和禁止出版、言论、集会和教学自由的国家,不能算作是文明国家,而只不过是一个具有政治劣根性的麻痹的臣民之国家,独立的个人属于这样的国家是不足取的。在 1933 年阴云密布的日子里,他及时揭露法西斯主义和军国主义国家通过镇压和奴役,破坏人的自由和尊严。在 20 世纪 50 年代麦卡锡主义横行时期,爱因斯坦抨击当时侵犯知识分子自由的无聊小动作是精神不安症,并带头与之抗争。为了同侵犯自由的邪恶势力做斗争,爱因斯坦强调必须增强个人的道德感和责任感,针锋相对地与之抗争,并认为知识分子对此负有更大的责任。

（二）独立的人格

爱因斯坦人格的最大特点，是他的卓尔不群和特立独行的独立性，这是以心灵自由为底蕴的绝对独立性。他戏称他自己是一个"离经叛道的怪人"，一个"执拗顽固而且不合规范的人"——这正是他的独立人格的惟妙惟肖的写照。他在给一位批评家的贺词中所说的话正好可以用来刻画他自己："用自己的眼睛去观察，在不屈从时代风尚的推动力量的情况下去感觉和判断……"他甚至认为，"学校的目标应当是培养有独立行动和独立思考的个人"。

爱因斯坦的独立人格，充分地体现在他始终如一地追求他心目中的真善美理想和目标上。他说："一旦我设立一个目标，它们就很难离开我。"无论在科学工作中，还是在社会、政治、道德领域，乃至在他的个人生活中，他从不趋时赶潮、随波逐流，更不会同流合污、沆瀣一气。他像一头执拗的骡子，驮着沉重的负荷，艰难地爬坡，不达目的誓不罢休。他坚决反对人为树立的权威和个人崇拜。他认为，权威并不是真理的裁判官，进入人们头脑里的权威还是真理的最大敌人，盲目崇拜权威是智商低下的表现。他表明，个人崇拜总是没有道理的，尤其对他本人的崇拜，他更感到离奇且无法容忍。

孤独是人格的老师。孤独是爱因斯坦的独立人格的显著体现，也是他的科学研究、政治取向乃至道德和感情的需要。孤独使他超然物外，超脱世俗，也超越了个人或小团体的圈子，以致达到高度的精神自由和人格独立，从而获得一个冷静而客观的视角和立足点观察问题和处理问题——这是没有一丝一毫利己主义的离群索居。爱因斯坦善于从孤独中获取智慧和汲取力量，难怪他称孤独"这种解脱方式实在是真正的文化赋予人们的无价珍宝"。孤独使他能够避开干扰，别出心裁，独辟蹊径，潜心研究他感兴趣的问题，提出标新立异的科学思想。孤独使他能够在两次世界大战危机四伏、扑朔迷离的岁月里独立不羁，独具慧眼,始终坚持独立的判断和正确的方向,而没有丝毫的奴颜媚骨和怯懦畏缩。爱因斯坦也从他所珍爱的孤独中找到了精神家园和心灵归宿——这是一种特别深邃的情理交融的境界。孤独使他在物欲横流的社会和麻木不仁的人海中独善其身,独行其道,保持了知识分子的科学良心和社会良知。他在一封信中这样写道:"千万记住,所有那些品质高尚的人都是孤独的——而且必然如此——正因为如此,他们才能享受自身环境中那种一尘不染的纯洁。"

(三)广博的胸襟

爱因斯坦是一位伟大的世界公民。他奉行的是开放的世界主义或国际主义,他反对的是作为其对立面的狭隘的民族主义或国家主义。爱因斯坦一生的言论和行动表明,他时时站在全世界和全人类的立场观察和处理问题,处处从人的长远利益、根本福祉和终极价值着想,憧憬建立一个和平、公正、平等的国际秩序和自由、民主、幸福的理想社会。他从来没有把自己和一个特定国家或民族的私利联系起来。他认为,每一个人都是人,不管他是哪国人,人的价值具有独立于政治和国界的有效性,人道比国家的公民身份更重要。他出生在德国,在少年和成年时两次拥有德国国籍。但是,他旗帜鲜明地揭露德国军国主义的战争阴谋和侵略行径,谴责德国人的民族狂热病和德国知识分子为虎作伥的罪恶,鞭笞德国人人性的劣根性。他是犹太人,但是也以开放、慷慨、尊敬的方式对待阿拉伯民族,并呼吁以色列要理性和自我克制,与阿拉伯人和平共处,共同发展。他对远在万里的中国人民也怀有深厚的情谊:他在"九一八事变"后强烈谴责日本对中国的侵略,他还对"七君子事件"发出过正义声援。

作为一位眼光远大、胸襟开阔的科学家和世界公民,爱因斯坦对狭隘的民族主义或国家主义疾恶如仇。他把民族主义称之为我们时代最致命的、邪恶的遗传病。要能够有助于改善人类的命运,就必须"克服民族利己主义和阶级利己主义"。在爱因斯坦看来,国家至上的概念正是煽起战争的强烈因素,很少有人能够逃脱这种新式偶像的煽动力量。用"爱国主义"伪装起来的国家主义实际上就是军国主义和侵略,这个偶像产生了不幸的和极其有害的影响。爱因斯坦的态度很明确:"国家是为人而建立的,而人不是为国家而生存。""国家应该是我们的勤务员,我们不应该是国家的奴隶。"

（四）人道的情怀

爱因斯坦始终是以人道为本考虑社会政治问题的,他是一位伟大的人道主义者。爱因斯坦视人道主义为欧洲的理想和欧洲精神的支柱,他奉行的人道主义是科学的人道主义和伦理的人道主义——前者更多地出自古希腊精神导致的创造源泉,后者出自犹太教《圣经》所规定的人道方面的原则——的综合物。按照他的观点:"欧洲的人道主义理想事实上似乎不可改变地与观点的自由表达,与某种程度上的个人意志,与不考虑纯粹的功利而面向客观性的努力,以及与鼓励在心智和情趣领域里的差异密切相关的这些要求和理想构成了欧洲精神的本性。"

在爱因斯坦的心目中,人道原则无异于康德的"头上的星空和内心的道德律"。诚如他本人所说,他"越来越把人道和博爱置于一切之上"。面对人道原则在德国和西欧正在蒙受损失和毁坏,他大声疾呼:"正是人道,应该得到首要的考虑。"他还经常劝导人们以忧乐与共的心情去理解同胞,给同胞以真诚的爱和同情。在看待国家和个人的关系上,充分显露出爱因斯坦的人道情怀:"在人生丰富多彩的表演中,我觉得真正可贵的,不是政治上的国家,而是有创造性的、有感情的个人,是人格。"与这种人道原则相伴随,爱因斯坦也十分重视争取和捍卫人权。

（五）神圣的责任

爱因斯坦具有高度的社会责任感,这种责任感是以爱憎分明的正义感和胸怀天下的道德心为底蕴的,因而显得那么磊落跌宕、历久弥坚。在社会政治问题上,他总是主持正义和公道,在关键时刻挺身而出,毫不顾及反动势力的迫害和同路人的误解。在这方面,他的自我意识之强和自觉性之高令人惊讶。他不同意科学家对政治问题或对人类事务应该保持缄默,认为这种克制将导致把领导权不加抵抗地拱手交给那些愚昧无知的人或不负责任的人,这样做法是缺乏责任心的表现。在 19 世纪 30 年代,他无情揭露德国法西斯的战争阴谋。在 20 世纪 50 年代,他勇敢地与迫害知识分子的美国反动势力做斗争,旗帜鲜明地发表声明:"如果我重新是个年轻人,并且要决定怎样去谋生,那么我绝不想做什么科学家、学者或教师。为了希望求得在目前环境下还可得到的那一点独立性,我宁愿做一个管子工,或者做一个沿街叫卖的小贩。"爱因斯坦在心里是这样想的:"我对社会上那些我认为是非常恶劣的和不幸的情况公开发表了意见,对它们沉默就会使我觉得是在犯同谋罪。"

面对科学的异化和技术的滥用,爱因斯坦也主动而自觉地承担起作为一个公民和科学家的神圣的社会责任。他一向认为,没有良心的科学是灵魂的毁灭,没有社会责任感的科学家是道德沦丧和人类的悲哀。他强烈谴责不负责任和玩世不恭的科学家,呼吁科学家要以诺贝尔为榜样,以自己的良心和高度的责任感为人类的长远利益和根本福祉着想。他谆谆告诫未来的科学家和工程师:"要保证我们科学思维的结果可以造福于人类,而不致成为祸害。当你们沉思你们的图表和方程式时,永远不要忘记这一点!"

（六）理性的气质

爱因斯坦是一位理性主义者。他在思想上总是理性地思考,他在实践中总是理性地行事——理性是他处理科学、哲学、社会和伦理问题的主旋律,乃至成为他的精神气质。在科学领域,他充分肯定了理性的巨大功能,即理性体现在理论的逻辑结构的完整性和探索性的演绎法以及逻辑简单性原则上,并在理性与经验之间保持了恰当的张力。在哲学领域,理性渗透在他的本体论、认识论、方法论上。他渴望建立一个公正理性的世界秩序和社会关系。他的社会政治观点和伦理思想,都建筑在缜密的理性思考和细致的理性分析的基础上。因此,他能够从蛛丝马迹中看穿事情的来龙去脉,能够在一团乱麻中理出事物的前因后果,能够审时度势改变自己的策略和方法,也能够以理性平衡激情,始终理智地面对一切。这种理性能力既体现在他的科学理论的创造上,也体现在他面对的变幻不定的国际形势和错综复杂的社会事件当机立断、自如应对上。爱因斯坦说得好:"理性用它那个永远完成不了任务来衡量,当然是微弱的。它比起人类的愚蠢和激情来,的确是微弱的,我们必须承认,这种愚蠢和激情不论在大小事情上都几乎完全控制着我们的命题。然而,理解力的产品要比喧嚣纷扰的世代经久,它能经历好多世纪而继续发出光和热。"

（七）批判的态度

由于早年受到休谟和马赫的坚不可摧的怀疑和批判态度的影响,爱因斯坦深谙"批判是科学的生命"的真谛,他在科学工作中经常以批判为先导,给自己开辟前进的道路。在 19 世纪末、20 世纪初那个机械自然观和力学先验论的教条顽固统治的时期,他敢于反潮流,把批判的矛头对准绝对时间和绝对空间概念,为创立相对论扫清了思想障碍。爱因斯坦也像马赫一样,甚至对作为一个整体的科学持批判态度。他批判性地洞察到,科学的技术化导致"双刃刀"效应,科学专门化造成两种文化的分裂和人的精神的扭曲。他批判性地揭示出,被异化的科学在经济、政治、安全、伦理等方面引发诸多恶果和危机。对此,他一方面呼吁科学家增强社会责任感,另一方面以艺术家的旨趣和普通公民的身份重塑科学和科学家的形象,力图在科学文化和人文文化之间架设桥梁。不用说,爱因斯坦对社会现实总是持清醒的批判态度的。例如,他告诫人们不要患政治健忘症,警惕西方国家战前对德国的纵容和战后对德国的重新武装。他对他曾经拥护的苏维埃政权因其践踏个人权利和自由,意识形态宗教化和教条化也提出过尖锐的批评。

爱因斯坦的批判态度有自己鲜明的特色。它是与怀疑态度相伴随的,并且建立在坚实的理性分析的基础上。因此,他的批判总是有的放矢,言之有理,持之有据。同时,这种批判态度往往贯穿着历史感和历史意识,在传统与革新之间保持了必要的张力。例如,他在批判牛顿的经典力学之后,紧接着这样写道:"牛顿啊,请原谅我;你所发现的道路,在你那个时代,是一位具有最高思维能力和创造能力的人所能发现的唯一道路。你所创造的概念,甚至今天仍然指导着我们的物理学思想,虽然我们现在知道,如果要更加深入地理解各种联系,那就必须用另外一些离直接经验领域较远的概念来代替这些概念。"

(八)攻坚的毅力

爱因斯坦在工作中具有知难而进、避轻就重、一鼓作气、坚忍不拔的秉性和毅力。他一生追求而不是占有真理。他专找厚木板打孔,他瞧不起那些专挑薄木板打许多孔的人。他从十六岁想到追光悖论时起,为狭义相对论苦斗了十年。狭义相对论建成后,一切旧有的问题都解决了,又没有出现新的矛盾,但是为了把相对性的信念贯彻到底,他又向广义相对论发起冲击,奋斗了十年终于大功告成。此后,为了给相对论和量子论谋求一个统一的基础,他花了四十年追求他心目中的统一场论,直至生命的尽头。

也许在爱因斯坦看来,科学的伟大终归不是一个智力问题,它是一个品质问题。过分看重名望,只拣容易取得成果的细节问题处理,等于出卖理论物理学的灵魂。他告诉他的助手和朋友:"你必须找到一个中心问题,然后你必须用尽一切办法追求它,无论困难是什么。尤其是,你必须永远不容许自己被任何其他问题引诱,不管困难如何。"爱因斯坦之所以能够始终如一、心无旁骛,也在于他把物理学视为一种神圣的事业,决不可以用它来换饭吃。他说："如果一个人不必靠科学研究来维持生计,那么科学研究才是绝妙的工作。一个人用来维持生计的工作应该是他确信自己有能力从事的工作。只有在我们不对其他人负有责任的时候,我们才可能在科学事业中找到乐趣。"

(九) 宽容的心地

爱因斯坦的心地是宽容的,他无论在大事小事上都能以宽容之心待人接物。他所谓的宽容并不是消极的容忍和放任,而是积极的关心和尊重,欢迎差异和异议,而且设身处地将心比心。爱因斯坦给宽容下了这样一个定义:"宽容就是对于那些习惯、信仰、趣味与自己相异的人的品质、观点和行动做恰如其分的评价。这种宽容不意味着对他人的行动和情感漠不关心。这种宽容还应该包括谅解和移情。"他还特别强调,最重要的宽容就是国家与社会对个人的宽容——绝不能让国家变成主体,个人却沦为唯命是从的工具,那么所有好的价值就全部丧失了。他还提出,外在的自由除了需要一定的政治条件和经济条件作保障外,也要求在全体人民中有宽容精神。

(十) 臻美的追求

爱因斯坦是科学家,更是科学的艺术家。他的科学工作有一种艺术的秩序,他的科学方法的最鲜活之处在于臻美取向和审美判断,他的科学理论确实是真正的艺术品。臻美的追求不仅是他从事科学探索的动机和动力之源,也是他得心应手、行之有效的科学方法即准美学方法(包括逻辑简单性原则和形象思维)。准美学方法贯穿在他的科学工作的全过程——发现问题、选择目标、发明原理、评价理论——之中,往往起着高屋建瓴、势如破竹的作用。在爱因斯坦看来,科学本身就是一种创造性的艺术:美的理论不一定在物理上为真,但是真的理论必须是美的;不美的理论肯定是不完善的、暂时的、过渡性的,它将被美的理论所取代。他说得好:"在科学领域,时代的创造性的冲动有力地迸发出来,在这里,对美的感觉和热爱找到了比门外汉所能想象的更多的表现机会。"

（十一）高洁的人品

爱因斯坦的人品是高尚纯洁的，凡是与他接触过的人，无一不受到他的人品魅力的巨大感染，油然产生"见贤思齐"的强烈欲望。他淡泊名利，视之如浮云敝屣；他简朴平实，没有丝毫虚荣和炫耀之心；他谦虚谨慎，一直把自己看作是自然界的一个碎屑；他待人平等，一视同仁，不管他们是总统、皇后、社会名流还是青年学生、平民百姓乃至佣人、偏执症患者；他乐于助人，处处为他人着想，即使在帮助别人时也使对方没有一点屈尊或恩赐的感觉。他虽然大名鼎鼎，头上有无数的光环，但是他依旧像普通人一样思想和生活。他说过一句意味深长的话："要想成为羊群中的一个纯洁无瑕的分子，必须首先是一只羊。"

爱因斯坦认为，人是为别人而生存的，人的真正价值在于从自我解放出来，生命的意义在于对社会的贡献和为人类服务，而不是看他索取什么。他觉得追求财产、虚荣、奢侈的生活这些庸俗目标是可鄙的，而把真善美视为生活的理想。因此，他每天上百次提醒自己："我的精神生活和物质生活都依靠着别人（包括生者和死者）的劳动，我必须尽力以同样的分量来报偿我所领受了的和至今还在领受的东西。我强烈地向往简朴的生活。并且时常发觉自己占用了同胞的过多劳动而难以忍受。"爱因斯坦精神具有非私人的、超私人的生命，它在爱因斯坦逝世半个世纪之后依然发出光和热，照亮了人类的前程，温暖着人们的心扉。

2005 年，适逢狭义相对论创立一百周年和爱因斯坦逝世五十周年，联合国不失时机地把是年定为"物理学年"，德国和瑞士也把 2005 年定为"爱因斯坦年"，以表达对爱因斯坦的纪念。今天，在纪念这位离开我们半个多世纪的伟人之时，人们自然会问：爱因斯坦的当代意义何在？

爱因斯坦的当代意义主要在于他的思想、精神和人格——这是世人一笔极其珍贵的"形而上"财富，是人类的无价之宝。

爱因斯坦是科学思想家或哲人科学家。撇开他的具体的科学贡献不谈,他的科学思想和科学方法,现在依然是科学家的锐利的方法论武器。他的"多元张力哲学",是 20 世纪科学哲学的集大成和思想巅峰,时至今日还在引领科学和哲学的新潮流。他的社会哲学和人生哲学成为 21 世纪"和平与发展"主旋律的美妙音符,成为促进科学文化和人文文化的汇流和整合的强大动力,是生活在 21 世纪的人的人生观之明鉴。

在这里,我们要着重指出,爱因斯坦的精神精华——人道与仁爱、正义与责任、独立与自由、实证与理性、怀疑与批判、兼蓄与宽容、就重与进取——无疑是 20 世纪时代精神的最强音,它们也是 21 世纪时代精神的文化基因和超体(exosomatic)酵素。

爱因斯坦的人格也使人敬佩不已。在某种程度上,作为一个人的爱因斯坦甚至比作为科学家和思想家的爱因斯坦还要伟大——爱因斯坦是一个大写的、真正的"人"。当他活着的时候,全世界善良的人似乎都能听见他的心脏在跳动;当他去世时,大家感到这不仅是世界的重大损失,而且也是个人无法弥补的缺失。有人曾问普林斯顿小镇上的一位普通老人:"你不理解爱因斯坦深奥的科学理论,也不明白爱因斯坦深邃的思想,你为什么那样尊敬和仰慕爱因斯坦?"老人回答得很简单:"因为当我想起爱因斯坦教授时,我就觉得自己不再是孤单单的一个人了。"

这就是爱因斯坦的人格的力量!的确,爱因斯坦的"人是为别人而生存的"人生观,"不要统治,但要服务"的人生信条,"从自我解放出来"的人生价值,对图安逸享乐的"猪栏理想"的鄙弃和对"财产、虚荣、奢侈生活"的鄙视,以及他时常为自己"占用了同胞的过多劳动而难以忍受"的深刻反省,无一不使人有高山景行之叹。他把物理学视为神圣的事业,绝不可以用它来换钱吃饭,物理学家应该另有谋生的本领,比如做个补鞋匠或灯塔看守员。他对真善美孜孜以求,对假恶丑疾恶如仇。他反对滥用权威和个人崇拜,尤其是对他本人的崇拜,他更觉得十分离奇和无法容忍。他向往孤独,却又对人古道热肠,不管他们是达官贵人、社会名流还是平民、侍者,均一视同仁。他心地善良,乐于助人,帮助小学生演算难题,为求助者写介绍信,与疯子促膝谈心以化解病人的芥蒂。他淡泊名利和权势,视之如浮云敝屣。他生活俭朴,穿着随便,厌弃排场铺张,把财产看作是绊脚石。他谦虚谨慎,从不故作姿态、哗众取宠,敢于当众承认"我不知道"。即使在病危时,他认为用人工方法延长生命毫无意义,坚决拒绝一切不必要的治疗措施。他死后不想耗费世人的一点东西:不举行殡葬仪式,不摆花圈花卉,不奏哀乐,不建坟墓,不立纪念碑,骨灰秘密存放,故居不作为纪念馆开放,不让人把它作为瞻仰和朝圣的圣物。

爱因斯坦在世时倾心奉献,使人类受益良多。他去世时对世人一无所求,对世界一无所取。这样的人怎能不令人肃然起敬!有位作家概括得好:"爱因斯坦是上帝的使者,人类的仆人。"爱因斯坦永远活在人们的心中。我想,对爱因斯坦的最好纪念,莫过于学习和光大他的思想、精神和人格。只要爱因斯坦的思想、精神和人格有一小部分在人们中间生根发芽、开花结果,整个中国以及整个世界就会面临一个比较光明的未来。

五、关于《相对论的意义》

1921 年,爱因斯坦在同魏斯曼访问美国时,在普林斯顿大学发表了"斯塔福德·利特尔讲座讲演"(Stafford Little Lectures)。后来,由于德国纳粹的迫害,他不得不在 1933 年 10 月移居普林斯顿,担任普林斯顿高级研究院教授。读者手头的这本《相对论的意义》(*The Meaning of Relativity*),就是爱因斯坦四次讲演——相对论前物理学中的空间和时间、狭义相对论、广义相对论、广义相对论(续)——的汇集,翌年在英国由梅休因公司、在美国普林斯顿大学出版社出版。在随后出版的两个版本中,爱因斯坦相继添加了两个附录——第二版附录、非对称场的相对论性理论。1954 年 12 月,爱因斯坦对该书第五版做了修订,这也是最后一次修订。1955 年 4 月,他在普林斯顿医院溘然长逝。

《相对论的意义》虽然不是像中文版《爱因斯坦文集》第二卷收录的那样的专题论文,但是除了少量的科学哲学议论外,全书都是比较深奥的物理学内容。读者要读懂它,既需要一定的数学和物理学知识背景,也需要好学的兴趣和耐心。笔者在《狭义与广义相对论浅说》导读(该书由北京大学出版社于 2006 年出版)中,已经就狭义相对论和广义相对论创立的背景、经过及其意义做了长篇论述,欲读《相对论的意义》的读者可以参阅该导读,以及下面"主要参考文献"中末尾的、本导读作者的三本著作。

最后,我愿录近作一首作为本文的结尾,亦作为读者研读《相对论的意义》时的伴读者,自始至终陪伴读者体验潜心阅读和理智漫游的乐趣:

升堂入室究闽奥,游娱中西悟玄妙。

学性涵养在琢磨,涤濯身心无骄躁。

主要参考文献

[1]《爱因斯坦文集》第一卷,许良英等编译,北京：商务印书馆.
　　1977 年第 1 版。

[2]《爱因斯坦文集》第二卷,许良英等编译,北京：商务印书馆.
　　1977 年第 1 版。

[3]《爱因斯坦文集》第三卷,许良英等编译,北京：商务印书馆.
　　1979 年第 1 版。

[4] A. Einstein. *The World As I See It*. New York：Philo-
　　sophical Library, Inc. , 1949.

[5] A. Einstein. *Out of My Later Years*. New York：Philo-
　　sophical Library, Inc. , 1950.

[6] A. Einstein. *Ideas and Opinions*. New York：Crown Pub-
　　lishing, Inc. , 1982.

[7] O. 内森、H. 诺登编:《巨人箴言录:爱因斯坦论和平》(上、下
　　册),李醒民、刘新民译,长沙:湖南出版社,1992 年第 1 版。

[8] H. 杜卡丝、B. 霍夫曼:《爱因斯坦论人生》,高志凯译,北京:
　　世界知识出版社,1984 年第 1 版。
　　Moszkowski. Einstein. *The Searcher, His Work Explained
　　from Dialogues with Einstein*. London：Methuen & Co.
　　Lit. , 1921, p. 239.

[9]《纪念爱因斯坦译文集》,赵中立、许良英编译,上海科学技
　　术出版社,1979 年第 1 版,第 211 页。

[10] W. Cahn. *Einstein, A Pictorial Biography*. New York：
　　The Citade Press, 1955, p. 104.

[11] P. A. Bucky. *The Private Albert Einstein*. Kanses City：

A Universal Syndicate Company，1993.

[12] E. G. Straas，Memoir. *Einstein*：*A Centenary Volume*. Edited by A. P. French，Harvard University Press，1979.

[13] *Some Strangeness in the Proportion*. Edited by H. Woolf，Addison-Wesley Publishing Company，Inc.，1980.

[14] 李醒民：《论狭义相对论的创立》，成都：四川教育出版社，1994 年第 1 版，1997 年第 2 次印刷。

[15] 李醒民：《人类精神的又一峰巅——爱因斯坦思想探微》，沈阳：辽宁大学出版社，1996 年第 1 版。

[16] 李醒民：《爱因斯坦》，台北：三民书局东大图书公司，1998 年第 1 版。

[17] 李醒民：《爱因斯坦》，北京：商务印书馆，2005 年第 1 版。

俄文译本出版者前言
（节译）[*]

• Preface to the Russian Edition •

> 《相对论的意义》是爱因斯坦所写的系统地阐述狭义相对论和广义相对论主要结果的唯一书籍。这本书是根据作者1921年的讲稿和后来增入的附录补充而成，作为最清楚地阐述对物理学的发展起了革命性影响的思想的书籍之一，本书至今仍然保持着它的意义。

* 1955年出版的俄文译本有一篇出版者前言，对相对论及本书做了评价；我们把它节译出来（只略去末段关于俄文译本的话），以供我国读者参考。——中文译本编者注

Albert Einstein

Mes projets d'avenir.

Un homme heureux est trop con-
tent du présent pour penser beaucoup
à l'avenir. Mais de l'autre côté ce sont
surtout les jeunes gens qui aiment à s'occu-
per de hardis projets. Du reste c'est aussi
une chose naturelle pour un jeune
homme sérieux, qu'il se fasse une
idée aussi précise que possible du but
de ses désirs.

Si j'avais le bonheur de
passer heureusement mes examens,
j'irai à l'école polytechnique de
Zurich. J'y resterais quatre ans pour
étudier les mathématiques et la physique.
Je m'imagine (de) devenir professeur dans
ces branches de la sciences naturelles
en choisissant la partie théorétique
de ces sciences.

1905年9月,德国《物理年鉴》(*Annalen der Physik*)发表了爱因斯坦的一篇论文《关于运动媒质的电动力学》,其中最先提出了相对论的基本原理(或更精确一点说,狭义相对论的基本原理)。

论文中指出,从伽利略和牛顿时代以来占统治地位的古典物理学,其应用范围只限于速度比光速小的情况。新力学和电动力学则扩大了这些界限,它可以解释与很大运动速度有关的过程的特征。

相对论在物理学上获得越来越大的意义。没有相对论,就无法了解原子、原子核和宇宙线内发生的过程。爱因斯坦根据相对论建立的质量与能量间的关系 $E=mc^2$,在利用原子核能的问题上起着决定性的作用。现代的带电粒子加速器,必须根据相对论力学进行计算。因此,特别是最近几年来,相对论已经得到了直接的实际应用,它的公式已成为工程计算实践的一部分。

在相对论中提出的相对性思想,是极其深刻和富有成效的,它的意义远远超出了只是大速度力学的范围。这些思想和量子力学思想,使我们对基本粒子的性质的认识大大地向前推进了一步。从相对论不变性的要求出发,得到了元粒子运动的基本量子力学方程;由相对论的关系式,可以确定从一种元粒子转变为另一种元粒子的转变。

相对论对于了解与时间、空间学说有关的许多原则性问题,曾起了极其重大的作用。相对论在认识论上的巨大意义,曾使一些资产阶级哲学家企图利用它的结果来获得反动的结论和歪曲相对论的唯物主义内容。遗憾的是,爱因斯坦本人有时也助长了这一点,他的某些言论包含了对唯心主义的让步。因此,应该清楚地辨别相对论的客观的唯物主义内容和它的某些结果的

◀1896年9月,爱因斯坦在他毕业考试的法语作文中精确地描述了对未来的计划。

主观唯心主义的解释。

爱因斯坦后来(1916 年)提出的广义相对论,更进一步推广了狭义相对论,成为万有引力学说发展的新阶段。广义相对论的推论,已为一系列的天文观测所证实,它在宇宙学上具有重大的意义。

《相对论的意义》是爱因斯坦所写的系统地阐述狭义相对论和广义相对论主要结果的唯一书籍。这本书是根据作者 1921 年的讲稿和后来增入的附录补充而成,作为最清楚地阐述对物理学的发展起了革命性影响的思想的书籍之一,本书至今仍然保持着它的意义。

不幸的是,爱因斯坦没有能够活到纪念他的奠定相对论基础的第一篇关于运动媒质电动力学的论文发表五十周年。他于 1955 年 4 月 18 日逝世于美国普林斯顿,享年 76 岁。

......

第 一 章

相对论前物理学中的空间与时间

· Space and Time in Pre-Relativity Physics ·

相对论和空间与时间的理论有密切的联系。我们习惯上的空间与时间概念和我们经验的特性又是怎样联系着的呢？我们的概念和概念体系，之所以能得到承认，其唯一理由就是它们是适合于表示我们的经验的复合；除此以外，它们并无别的关于理性的根据。在日常生活中确定物体相对位置时，地壳处在如此主要的地位，由此而形成的抽象的空间概念，当然是不能为之辩护的。为了使我们自己免于这项极严重的错误，我们将只提到"参照物体"或"参照空间"。以后会看到，只是由于广义相对论才使得这些概念的精细推究成为必要。我们提出问题：除掉曾经用过的笛卡儿坐标之外，是否还有其他等效的坐标？

Einheitliche Feldtheorie von Gravitation und Elektrizität.

von A. Einstein.

Die Überzeugung von der Wesenseinheit des Gravitationsfeldes und des elektromagnetischen Feldes dürfte heute bei den theoretischen Physikern, die auf dem Gebiete der allgemeinen Relativitätstheorie arbeiten, feststehen. Eine überzeugende Formulierung dieses Zusammenhanges scheint mir aber bis heute nicht gelungen zu sein. Auch von meiner in diesen Sitzungsberichten ($\overline{XVII}$, S. 137, 1923.) erschienenen Abhandlung, welche ganz auf Eddingtons Grundgedanken basiert war, bin ich die Ansicht überzeugt, dass sie die wahre Lösung des Problems nicht gibt. Nach unablässigem Suchen in den letzten zwei Jahren glaube ich nun die wahre Lösung gefunden zu haben. Ich teile sie im Folgenden mit.

Die benutzte Methode lässt sich wie folgt kennzeichnen. Ich suchte zuerst den formal einfachsten Ausdruck für das Gesetz des Gravitationsfeldes beim Fehlen eines elektromagnetischen Feldes, sodann die natürlichste Verallgemeinerung dieses Gesetzes. Es dieser zeigte es sich, dass sie in erster Approximation die Maxwell'sche Theorie enthält. Im Folgenden gebe ich gleich das Schema der allgemeinen Theorie (§1), und zeige darauf, in welchem Sinne in dieser das Gesetz des reinen Gravitationsfeldes (§2) und die Maxwell-Theorie (§3) enthalten sind.

§1. Die allgemeine Theorie.

Es sei in dem vierdimensionalen Kontinuum ein affiner Zusammenhang gegeben, d. h. ein $\Gamma^\mu_{\alpha\beta}$-Feld, welches infinitesimales Vektor-Vergleich gemäss der Relation

$$dA^\mu = -\Gamma^\mu_{\alpha\beta} A^\alpha dx^\beta \quad \ldots \ldots (1)$$

definiert. Symmetrie der $\Gamma^\mu_{\alpha\beta}$ bezüglich der Indizes α und β wird nicht vorausgesetzt. Aus diesen Grössen Γ lassen sich dann in bekannter Weise die (Riemann'schen) Tensoren bilden

$$R^\alpha_{\mu,\nu\beta} = -\frac{\partial \Gamma^\alpha_{\mu\nu}}{\partial x_\beta} + \Gamma^\alpha_{\sigma\nu}\Gamma^\sigma_{\mu\beta} + \frac{\partial \Gamma^\alpha_{\mu\beta}}{\partial x_\nu} - \Gamma^\sigma_{\mu\nu}\Gamma^\alpha_{\sigma\beta}$$

und

$$R_{\mu\nu} = R^\alpha_{\mu,\nu\alpha} = -\frac{\partial \Gamma^\alpha_{\mu\nu}}{\partial x_\alpha} + \Gamma^\alpha_{\mu\beta}\Gamma^\beta_{\nu\nu} + \frac{\partial \Gamma^\alpha_{\mu\alpha}}{\partial x_\nu} - \Gamma^\alpha_{\mu\nu}\Gamma^\beta_{\alpha\beta}. \quad (2)$$

相对论和空间与时间的理论有密切的联系。因此我要在开始的时候先简单扼要地考究一下我们的空间与时间概念的起源，虽然我知道这样做是在提出一个引起争论的问题。一切科学，不论自然科学还是心理学，其目的都在于使我们的经验互相协调并将它们纳入逻辑体系。我们习惯上的空间与时间概念和我们经验的特性又是怎样联系着的呢？

我们看来，个人的经验是排成了序列的事件；我们所记得的各个事件在这个序列里看来是按照"早"和"迟"的标准排列的，而对于这个标准则不能再作进一步的分析了。所以，对于个人来说，就存在着"我"的时间，也就是主观的时间，其本身是不可测度的。其实我可以用数去和事件如此联系起来，使较迟的事件和较早的事件相比，对应于较大的数；然而这种联系的性质却可以是十分随意的。将一只时计所指出的事件顺序和既定事件序列的顺序相比较，我就能用这只时计来确定这样联系的意义。我们将时计理解为供给一连串可以计数的事件的东西，它并且还具有一些我们以后会说到的其他性质。

各人在一定的程度上能用语言来比较彼此的经验。于是就出现各个人的某些感觉是彼此一致的，而对于另一些感觉，却不能建立起这样的一致性。我们惯于把各人共同的因而多少是非个人特有的感觉当作真实的感觉。自然科学，特别是其中最基本的物理学，就是研究这样的感觉。物理物体的概念，尤其是刚体的概念，便是这类感觉的一种相对恒定的复合。在同样的意义下，一个时计也是一个物体或体系，它还具有一个附加的性质，就是它所计数的一连串事件是由都可以当作相等的元素构成的。

我们的概念和概念体系之所以能得到承认，其唯一理由就是它们是适合于表示我们的经验的复合；除此以外，它们并无别

▶《引力和电的统一场论》的手稿。

的关于理性的根据。我深信哲学家[①]曾对科学思想的进展起过一种有害的影响,在于他们把某些基本概念从经验论的领域里(在那里它们是受人们制约的)取出来,提到先天论的不可捉摸的顶峰。因为即使看起来观念世界不能借助于逻辑方法从经验推导出来,但就一定的意义而言,却是人类理智的创造,没有人类的理智便无科学可言;尽管如此,这个观念世界之依赖于我们经验的性质,就像衣裳之依赖于人体的形状一样。这对于我们的时间与空间的概念是特别确实的;迫于事实,为了整理这些概念并使它们适于合用的条件,物理学家只好使它们从先天论的奥林帕斯山(Olympus)[②]落到人间的实地上来。

现在谈谈我们对于空间的概念和判断。这里主要的也在于密切注意经验对于概念的关系。在我看来,庞加莱(Poincaré)在他的《科学与假设》(La Science et l'Hypothese)一书中所作的论述是认识了真理的。在我们所能感觉到的一切刚体变化中间,那些能被我们身体任意的运动抵消的变化是以其简单性为标志的;庞加莱称之为位置的变化。凭简单的位置变化能使两个物体相接触。在几何学里有根本意义的全等定理便和处理这类位置变化的定律有关。下面的讨论看来对于空间概念是重要的。将物体 $B, C, \cdots$,附加到物体 A 上能够形成新的物体;就说我们延伸物体 A。我们能延伸物体 A,使之与任何其他物体 X 相接触。物体 A 的所有延伸的总体可称为"物体 A 的空间"。于是,说一切物体都在"(随意选择的)物体 A 的空间"里,是正确的。在这个意义下我们不能抽象地谈论空间,而只能说"属于物体 A 的空间"。在日常生活中确定物体相对位置时,地壳处在如此主要的地位,由此而形成的抽象的空间概念,当然是不能为之辩护的。为了使我们自己免于这项极严重的错误,我们将只提到"参照物体"或"参照空间"。以后会看到,只是由于广义

---

① 这里所说的哲学家应指唯心主义哲学家。——中文译本编者注。
② 希腊神话传说奥林帕斯山是神所居之处;这里就是指天上而言。——中文译本编者注。

相对论才使得这些概念的精细推究成为必要。

我不打算详细考究参照空间的某些性质,这些性质导致我们将点设想为空间的元素,将空间设想为连续区域。我也不企图进一步分析一些表明连续点列或线的概念为合理的空间性质。如果假定了这些概念以及它们和经验的固体的关系,那就容易说出空间的三维性是指什么而言;对于每个点,可以使它与三个数 x_1, x_2, x_3(坐标)相联系,办法是要使这种联系成为唯一地相互的,而且当这个点描画一个连续的点系列(一条线)时,它们就作连续的变化。

在相对论之前的物理学里,假定理想刚体位形的定律是符合于欧几里得几何学的。这个意义可以表示如下:标志在刚体上的两点构成一个间隔。这样的间隔可取多种方向和我们的参照空间处于相对的静止。如果现在能用坐标 x_1, x_2, x_3 表示这个空间里的点,使得间隔两端的坐标差 $\Delta x_1, \Delta x_2, \Delta x_3$,对于间隔所取的每种方向,都有相同的平方和,

$$s^2 = \Delta x_1^2 + \Delta x_2^2 + \Delta x_3^2 \tag{1}$$

则这样的参照空间称为欧几里得空间,而这样的坐标便称为笛卡儿坐标。[①]　其实,就以把间隔推到无限小的极限而论,作这样的假定就够了。还有些不很特殊的假设包含在这个假设里;由于这些假设具有根本的意义,必须唤起注意。首先,假设了可以随意移动理想刚体。其次,假设了理想刚体对于取向所表现的行为与物体的材料以及其位置的改变无关,这意味着只要能使两个间隔重合,则随时随处都能使它们重合。对于几何学,特别是对于物理量度有根本重要性的这两个假设,自然是由经验得来的;在广义相对论里,需假定这两个假设只对于那些和天文的尺度相比是无限小的物体与参照空间才是有效的。

量 s 称为间隔的长度。为了能唯一地确定这样的量,需要随意地规定一个指定间隔的长度;例如,令它等于 1(长度单

[①]　这关系必须对于任意选择的原点和间隔方向(比率 $\Delta x_1 : \Delta x_2 : \Delta x_3$)都能成立。

位）。于是就可以确定所有其他间隔的长度。如果使 x_ν 线性地依赖于参量 λ，

$$x_\nu = a_\nu + \lambda b_\nu$$

便得到一条线，它具有欧几里得几何学里直线的一切性质。举个特例，容易推知：将间隔 s 沿直线相继平放 n 次，就获得长度为 $n \cdot s$ 的间隔。所以长度所指的是使用单位量杆沿直线量度的结果。下面会看出：它就像直线一样，具有和坐标系无关的意义。

现在考虑这样一种思路，它在狭义相对论和在广义相对论里处在相类似的地位。我们提出问题：除掉曾经用过的笛卡儿坐标之外，是否还有其他等效的坐标？间隔具有和坐标选择无关的物理意义；于是从我们的参照空间里任一点作出相等的间隔，则所有间隔端点的轨迹为一球面，这个球面也同样具有和坐标选择无关的物理意义。如果 x_ν 和 x'_ν（ν 从 1 到 3）都是参照空间的笛卡儿坐标，则按两个坐标系表示球面的方程将为

$$\sum \Delta x_\nu^2 = 恒量 \tag{2}$$

$$\sum \Delta x_\nu'^2 = 恒量 \tag{2a}$$

必须怎样用 x_ν 表示 x'_ν，才能使方程（2）与（2a）彼此等效呢？关于将 x'_ν 表作 x_ν 的函数，根据泰勒（Taylor）定理，对于微小的 Δx_ν 的值，可以写出

$$\Delta x'_\nu = \sum_a \frac{\partial x'_\nu}{\partial x_a} \Delta x_a + \frac{1}{2} \sum_{a\beta} \frac{\partial^2 x'_\nu}{\partial x_a \partial x_\beta} \Delta x_a \Delta x_\beta \cdots + \cdots$$

如果将（2a）代入这个方程并和（1）比较，便看出 x'_ν 必须是 x_ν 的线性函数。因此，如果令

$$x'_\nu = a_\nu + \sum_a b_{\nu a} x_a \tag{3}$$

而

$$\Delta x'_\nu = \sum_a b_{\nu a} \Delta x_a \tag{3a}$$

则方程（2）与（2a）的等效性可表示成下列形式：

$$\sum \Delta x_\nu'^2 = \lambda \sum \Delta x_\nu^2 \quad (\lambda \text{ 和 } \Delta x_\nu \text{ 无关}) \tag{2b}$$

所以由此知道 λ 必定是常数。如果令 $\lambda=1$,(2b)与(3a)便供给条件。

$$\sum_{\nu} b_{\nu a} b_{\nu \beta} = \delta_{a\beta} \tag{4}$$

其中按照 $a=\beta$ 或 $a\neq\beta$ 有 $\delta_{a\beta}=1$ 或 $\delta_{a\beta}=0$。条件(4)称为正交条件,而变换(3),(4)称为线性正交变换。如果要求 $s^2 \sum \Delta x_{\nu}^2$ 在每个坐标系里都等于长度的平方,并且总用同一单位标尺来量度,则 λ 须等于 1。因此线性正交变换是我们能用来从参照空间里一个笛卡儿坐标系变到另一个的唯一的变换。我们看到,在应用这样的变换时,直线方程仍化为直线方程。将方程(3a)两边乘以 $b_{\nu\beta}$ 并对于所有的 ν 求和,便逆演而得

$$\sum b_{\nu\beta}\Delta x'_{\nu} = \sum_{\nu a} b_{\nu a} b_{\nu\beta} \Delta x_a = \sum_a \delta_{a\beta} \Delta x_z = \Delta x_\beta \tag{5}$$

同样的系数 b 也决定着 Δx_{ν} 的反代换。在几何意义上,$b_{\nu a}$ 是 x'_{ν} 轴与 x_a 轴间夹角的余弦。

总之,可以说在欧几里得几何学里(在既定的参照空间里)存在优先使用的坐标系,即笛卡儿系,它们彼此用线性正交变换来作变换。参照空间里两点间用量杆测得的距离 s,以这种坐标来表示就特别简单。全部几何学可以建立在这个距离概念的基础上。在目前的论述里,几何学和实在的东西(刚体)有联系,它的定理是关于这些东西的行为的陈述,可以证明这类陈述是正确的还是错误的。

人们寻常习惯于离开几何概念与经验间的任何关系来研究几何学。将纯粹逻辑性的而且与在原则上不完全的经验无关的东西分离出来是有好处的。这样能使纯粹的数学家满意。如果他能从公理正确地即没有逻辑错误地推导出他的定理,他就满足了。至于欧几里得几何学究竟是否真确的问题,他是不关心的。但是按我们的目的,就必须将几何学的基本概念和自然对象联系起来;没有这样的联系,几何学对于物理学家是没有价值的。物理学家关心几何学定理究竟是否真确的问题。从下述简单的考虑可以看出:根据这个观点,欧几里得几何学肯定了某

些东西,这些东西不仅是从定义按逻辑推导来的结论。

空间里 n 个点之间有 $\dfrac{n(n-1)}{2}$ 个距离 $s_{\mu\nu}$;在这些距离和 3_n 个坐标之间有关系式

$$s_{\mu\nu}^2 = [x_{1(\mu)} - x_{1(\nu)}]^2 + [x_{2(\mu)} - x_{2(\nu)}]^2 \cdots + \cdots$$

从这 $\dfrac{n(n-1)}{2}$ 个方程里可以消去 $3n$ 个坐标,由这样的消去法,至少会获得 $\dfrac{n(n-1)}{2} - 3n$ 个有关 $s_{\mu\nu}$ 的方程。[①] 因为 $s_{\mu\nu}$ 是可测度的量,而根据定义,它们是彼此无关的,所以 $s_{\mu\nu}$ 之间的这些关系并非本来是必要的。

从前面显然知道,变换方程(3)、(4)在欧几里得几何学里具有根本的意义,在于这些方程决定着由一个笛卡儿坐标系到另一个的变换。在笛卡儿坐标系里,两点间可测度的距离 s 是用方程

$$s^2 = \sum \Delta x_{\nu}^2$$

表示的,这个性质表示着笛卡儿坐标系的特性。

如果 $K_{(x_\nu)}$ 与 $K_{(x_\nu)}'$ 是两个笛卡儿坐标系,则

$$\sum \Delta x_{\nu}^2 = \sum \Delta x_{\nu}'^2$$

右边由于线性正交变换的方程而恒等于左边,右边和左边的区别只在于 x_ν 换成了 x_ν'。这可以用这样的陈述来表示:$\sum \Delta x_{\nu}^2$ 对于线性正交变换是不变量。在欧几里得几何学里,显然只有能用对于线性正交变换的不变量表示的量才具有客观意义,而和笛卡儿坐标的特殊选择无关,并且所有这样的量都是如此。这就是有关处理不变量形式的定律的不变量理论对于解析几何学十分重要的理由。

考虑体积,作为几何不变量的第二个例子。这是用

$$\nu = \iiint \mathrm{d}x_1 \mathrm{d}x_2 \mathrm{d}x_3$$

[①] 其实有 $\dfrac{n(n-1)}{2} - 3n + 6$ 个方程。

表示的。根据雅可比定理，可以写出

$$\iiint \mathrm{d}x_1' \, \mathrm{d}x_2' \, \mathrm{d}x_3' = \iiint \frac{\partial(x_1',x_2',x_3')}{\partial(x_1,x_2,x_3)} \mathrm{d}x_1 \, \mathrm{d}x_2 \, \mathrm{d}x_3$$

其中最后积分里的被积函数是 x' 对 x_ν 的函数行列式，而由（3），这就等于代换系数 $b_{\nu a}$ 的行列式 $|b_{\mu\nu}|$。如果由方程（4）组成 $\delta_{\mu a}$ 的行列式，则根据行列式的乘法定理，有

$$1 = |\delta_{\alpha\beta}| = \left| \sum_\nu b_{\nu a} b_{\nu\beta} \right| = |b_{\mu\nu}|^2; \quad |b_{\mu\nu}| = \pm 1 \qquad (6)$$

如果只限于具有行列式 $+1$ 的变换[①]（只有这类变换是由坐标系的连续变化而来的），则 V 是不变量。

　　然而不变量并非是表示和笛卡儿系的特殊选择无关的唯一形式。矢量与张量是其他的表示形式。让我们表示这样的事实：具有流动坐标 x_ν 的点位于一条直线上。于是有

$$x_\nu - A_\nu = \lambda B_\nu \quad (\nu \text{ 由 } 1 \text{ 到 } 3)$$

可以令

$$\sum_\nu B_\nu^2 = 1$$

而并不限制普遍性。

　　如果将方程乘以 $b_{\beta\nu}$［比较（3a）与（5）］并对于所有的 ν 求和，便得到

$$x_\beta' - A_\beta' = \lambda B_\beta'$$

其中

$$B_\beta' = \sum_\nu b_{\beta\nu} B_\nu; \quad A_\beta' = \sum_\nu b_{\beta\nu} A_\nu$$

　　这些是参照第二个笛卡儿坐标系 K' 的直线方程。它们和参照原来坐标系的方程有相同的形式。因此显然直线具有和坐标系无关的意义。就形式而论，这有赖于一个事实，即 $(x_\nu - A_\nu) - \lambda B_\nu$ 这些量变换得和间隔的分量 Δx_ν 一样。设对于每个笛卡儿坐标系所确定的三个量象间隔的分量一样变换，这三个

_____

　　① 这样说来，有两种笛卡儿系，称为"右手"与"左手"系。每个物理学家和工程师都熟悉两者之间的区别。不能按几何学来规定这两种坐标系，而只能作两者之间的对比，注意到这一点是有意味的。

量的总合便称为矢量。如果矢量对于某一笛卡儿坐标系的三个分量都等于零，则对于所有的坐标系的分量都会等于零，因为变换方程是齐次性的。于是可以不需倚靠几何表示法而获得矢量概念的意义。直线方程的这种性质可以这样表示：直线方程对于线性正交变换是协变的。

现在要简略地指出有些几何对象导致张量的概念。设 P_0 为二次曲面的中心，P 为曲面上的任意点，而 ξ_ν 为间隔 P_0P 在坐标轴上的投影。于是曲面方程是

$$\sum a_{\mu\nu}\xi_\mu\xi_\nu = 1$$

在这里以及类似的情况下，我们要略去累加号，并且了解求和是按出现两次的指标进行的。这样就将曲面方程写成

$$a_{\mu\nu}\xi_\mu\xi_\nu = 1$$

对于既定的中心位置和选定的笛卡儿坐标系，$a_{\mu\nu}$ 这些量完全决定曲面。由 ξ_μ 对于线性正交变换的已知变换律（3a），容易求得 $a_{\mu\nu}$ 的变换律[①]：

$$a'_{\sigma\tau} = b_{\sigma\mu}b_{\tau\nu}a_{\mu\nu}$$

这个变换对于 $a_{\mu\nu}$ 是齐次的，而且是一次的。由于这样的变换，这些 $a_{\mu\nu}$ 便称为二秩张量的分量（因为有两个指标，所以说是二秩的）。如果张量对于任何一个笛卡儿坐标系的所有分量 $a_{\mu\nu}$ 等于零，则对于其他任何笛卡儿系的所有分量也都等于零。二次曲面的形状和位置是以（a）这个张量描述的。

可以定出高秩（指标个数较多的）张量的解析定义。将矢量当作一秩张量，并将不变量（标量）当作零秩张量，这是可能和有益的。在这一点上，可以这样提出不变量理论的问题：按照什么规律可从给定的张量组成新张量？为了以后能够应用，现在考虑这些规律。首先只就同一参照空间里用线性正交变换从一个笛卡儿系变换到另一个的情况来讨论张量的性质。由于这些

---

① 根据（5），方程 $a'_{\sigma\tau}\xi'_\sigma\xi'_\tau = 1$ 可以换成 $a'_{\sigma\tau}b_{\mu\sigma}b_{\nu\tau}\xi_\sigma\xi_\tau = 1$，于是立即有上述结果。

规律完全和维数无关，我们先不确定维数 n。

定义 设对象对于 n 维参照空间里的每个笛卡儿坐标系是用 n^{α} 个数 $A_{\mu\nu\rho\cdots}$（$\alpha=$ 指标的个数）规定的，如果变换律是

$$A'_{\mu'\nu'\rho'\cdots}=b_{\mu'\mu}b_{\nu'\nu}b_{\rho'\rho}\cdots A_{\mu\nu\rho\cdots} \tag{7}$$

则这些数就是 α 秩的张量的分量。

附识 只要 (B)，(C)，(D)，$\cdots$，是矢量，则由这个定义可知

$$A_{\mu\nu\rho\cdots}B_{\mu}C_{\nu}D_{\rho}\cdots \tag{8}$$

是不变量。反之，如果知道对于在意选择的 (B)，(C) 等矢量，(8)式总能导致不变量，则可推断 (A) 的张量特性。

加法与减法 将同秩的张量的相应分量相加和相减，使得等秩的张量：

$$A_{\mu\nu\rho\cdots}\pm B_{\mu\nu\rho\cdots}=C_{\mu\nu\rho\cdots} \tag{9}$$

由上述张量的定义可得到证明。

乘法 将第一个张量的所有分量乘以第二个张量的所有分量，就能从秩数为 α 的张量和秩数为 β 的张量得到秩数为 $\alpha+\beta$ 的张量：

$$T_{\mu\nu\rho\cdots\alpha\beta\gamma\cdots}=A_{\mu\nu\rho\cdots}B_{\alpha\beta\gamma\cdots} \tag{10}$$

降秩 令两个确定的指标彼此相等，然后按这个单独的指标求和，可从秩数为 α 的张量得到秩数为 $\alpha-2$ 的张量：

$$T_{\rho\cdots}=A_{\mu\mu\rho\cdots}\left(=\sum_{\mu}A_{\mu\mu\rho\cdots}\right) \tag{11}$$

证明是

$$A'_{\mu\mu\rho\cdots}=b_{\mu\alpha}b_{\mu\beta}b_{\rho\gamma}\cdots A_{\alpha\beta\gamma\cdots}=\delta_{\alpha\beta}b_{\rho\gamma}\cdots A_{\alpha\beta\gamma\cdots}=b_{\rho\gamma}\cdots A_{\alpha\alpha\gamma\cdots}$$

除了这些初等的运算规则，还有用微分法的张量形成法〔Erweiterung（扩充）〕：

$$T_{\mu\nu\rho\cdots\alpha}=\frac{\partial A_{\mu\nu\rho\cdots}}{\partial x_{\alpha}} \tag{12}$$

对于线性正交变换，可以按照这些运算规则由张量构成新的张量。

张量的对称性质 如果从互换张量的指标 μ 与 ν 所得到的

两个分量彼此相等或相等而反号,则这样的张量便称为对于这两个指标的对称或反称张量。

对称条件: $A_{\mu\nu\rho}=A_{\nu\mu\rho}$

反称条件: $A_{\mu\nu\rho}=-A_{\nu\mu\rho}$

定理 对称或反称特性的存在和坐标的选择无关,其重要性就在于此。由张量的定义方程可得到证明。

特殊张量

Ⅰ. 量 $\delta_{\rho\sigma}$ (4)是张量的分量(基本张量)。

证明 如果在变换方程 $A_{\mu\nu}{}'=b_{\mu\alpha}b_{\nu\beta}A_{\alpha\beta}$ 的右边用量 $\delta_{\alpha\beta}$(它按 $\alpha=\beta$ 或 $\alpha\neq\beta$ 而等于 1 或 0)代替 $A_{\alpha\beta}$,便得

$$A_{\mu\nu}{}'=b_{\mu\alpha}b_{\nu\alpha}=\delta_{\mu\nu}$$

如果将(4)用于反代换(5),就显然会有最后等号的证明。

Ⅱ. 有一个对于所有各对指标都是反称的张量 $(\delta_{\mu\nu\rho\cdots})$,其秩数等于维数 n,而其分量按照 $\mu\nu\rho\cdots$ 是 123… 的偶排列或奇排列而等于 +1 或 -1。

证明可借助于前面证明过的定理 $|b_{\rho\sigma}|=1$。

这些少数的简单定理构成了从不变量理论建立相对论前物理学和狭义相对论的方程的工具。

我们看到:在相对论前的物理学里,为了确定空间关系,需要参照物体或参照空间;此外,还需要笛卡儿坐标系。设想笛卡儿坐标系是单位长的杆子所构成的立方构架,就能将这两个概念融为一体。这个构架的格子交点的坐标是整数。由基本关系

$$s^2=\Delta x_1^2+\Delta x_2^2+\Delta x_3^2 \tag{13}$$

可知这种空间格子的构杆都是单位长度。为了确定时间关系,还需要一只标准时计,假定放在笛卡儿坐标系或参照构架的原点上。如果在任何地点发生一个事件,我们立即就能给它指定三个坐标 x_ν 和一个时间 t,只要确定了在原点上的时计和该事件同时的时刻。因此我们对于隔开事件的同时性就(假设地)给出了客观意义,而先前只涉及个人对于两个经验的同时性。这样确定的时间在一切情况下和坐标系在参照空间中的位置无

关,所以它是对于变换(3)的不变量。

我们假设表示相对论前物理学定律的方程组,和欧几里得几何学的关系式一样,对于变换(3)是协变的。空间的各向同性与均匀性就是这样表示的。[①] 现在按这个观点来考虑几个较重要的物理方程。

质点的运动方程是

$$m \frac{\mathrm{d}^2 x_\nu}{\mathrm{d}t^2} = X_\nu \tag{14}$$

$(\mathrm{d}x_\nu)$是矢量;$\mathrm{d}t$ 是不变量,所以 $\frac{1}{\mathrm{d}t}$ 也是不变量;因此 $\left(\frac{\mathrm{d}x_\nu}{\mathrm{d}t}\right)$ 是矢量;同样可以证明 $\left(\frac{\mathrm{d}^2 x_\nu}{\mathrm{d}t^2}\right)$ 是矢量。一般地说,对时间取微商的运算不改变张量的特性。因为 m 是不变量(零秩张量),所以 $\left(m \frac{\mathrm{d}^2 x_\nu}{\mathrm{d}t^2}\right)$ 是矢量,或一秩张量(根据改量的乘法定理)。如果力 (X_ν) 具有矢量特性,则差 $\left(m \frac{\mathrm{d}^2 x_\nu}{\mathrm{d}t^2} - X_\nu\right)$ 也是矢量。因此这些运动方程在参照空间的每个其他笛卡儿坐标系里也有效。在保守力的情况下,能够容易认识 (X_ν) 的矢量性质。因为存在势能 $\boldsymbol{\Phi}$ 只依赖于质点的相互距离,所以它是不变量。于是力 $X_\nu = -\frac{\partial \boldsymbol{\Phi}}{\partial x_\nu}$ 的矢量特性便从关于零秩张量的导数的普遍定理得到证明。

乘以速度,它是一秩张量,得到张量方程

$$\left(m \frac{\mathrm{d}^2 x_\nu}{\mathrm{d}t^2} - X_\nu\right) \frac{\mathrm{d}x_\nu}{\mathrm{d}t} = 0$$

降秩并乘以标量 $\mathrm{d}t$,我们获得动能方程

---

① 即使在空间有优越方向的情况下,也能将物理学的定律表示成对于变换(3)是协变的;但是这样的式子在这种情况下就不适宜了。如果在空间有优越的方向,则以一定方式按这个方向取坐标系的方向,会简化对自然现象的描述。然而另一方面,如果在空间没有唯一的方向,则确定自然界定律的表示式而在方式上隐藏了取向不同的坐标系的等效性,是不合逻辑的。在狭义和广义相对论里,我们还要遇到这样的观点。

$$d\left(\frac{mq^2}{2}\right) = X_\nu \, dx_\nu$$

如果 ξ_ν 表示质点和空间固定点的坐标之差,则 ξ_ν 具有矢量特性。显然有 $\dfrac{d^2 x_\nu}{dt^2} = \dfrac{d^2 \xi_\nu}{dt^2}$,所以质点的运动方程可以写成

$$m \frac{d^2 \xi_\nu}{dt^2} - X_\nu = 0$$

将这个方程乘以 ξ_ν,得到张量方程

$$\left(m \frac{d^2 \xi_\nu}{dt^2} - X_\nu\right)\xi_\nu = 0$$

将左边的张量降秩并取对于时间的平均值,就得到维里定理,这里便不往下讨论了。互换指标,然后相减,作简单的变换,便有矩定理:

$$\frac{d}{dt}\left[m\left(\xi_\mu \frac{d\xi_\nu}{dt} - \xi_\nu \frac{d\xi_\mu}{dt}\right)\right] = \xi_\mu X_\nu - \xi_\nu X_\mu \tag{15}$$

这样看来,显然矢量的矩不是矢量而是张量。由于其反称的特性,这个方程组并没有九个独立的方程,而只有三个。在三维空间里以矢量代替二秩反称张量的可能性依赖于矢量

$$A_\mu = \frac{1}{2} A_{\sigma\tau} \delta_{\sigma\tau\mu}$$

的构成。

如果将二秩反称张量乘以前面引入的特殊反称张量 δ,降秩两次,便获得矢量,其分量在数值上等于张量的分量。这类矢量就是所谓轴矢量,由右手系变换到左手系时,他们和 Δx_ν 变换得不同。在三维空间里将二秩反称张量当作矢量具有形象化的好处;可是按表示相应的量的确切性质而论,便不及将它当作张量了。

其次,考虑连续媒质的运动方程。设 ρ 是密度,u_ν 是速度分量,作为坐标与时间的函数,X_ν 是每单位质量的彻体力,而 $P_{\nu\sigma}$ 是垂直于 σ 轴的平面上沿 x_ν 增加方向的胁强。于是根据牛顿定律,运动方程是

$$\rho \frac{\mathrm{d}u_\nu}{\mathrm{d}t} = -\frac{\partial p_{\nu\sigma}}{\partial x_\sigma} + \rho X_\nu$$

其中 $\dfrac{\mathrm{d}u_\nu}{\mathrm{d}t}$ 是在时刻 t 具有坐标 x_ν 的质点的加速度。如果用偏导数表示这个加速度，除以 ρ 之后，得到

$$\frac{\partial u_\nu}{\partial t} + \frac{\partial u_\nu}{\partial x_\sigma} u\sigma = -\frac{1}{\rho} \frac{\partial p_{\nu\sigma}}{\partial x_\sigma} + X_\nu \tag{16}$$

必须证明这个方程的有效性和笛卡儿坐标系的特殊选择无关。(u_ν) 是矢量，所以 $\dfrac{\partial u_\nu}{\partial t}$ 也是矢量。$\dfrac{\partial u_\nu}{\partial x_\sigma}$ 是二秩张量，$\dfrac{\partial u_\nu}{\partial x_\sigma} u\tau$ 是三秩张量。左边第二项是按指标 σ, τ 降秩的结果。右边第二项的矢量特性是显然的。为了要求右边第一项也是矢量，$p_{\nu\sigma}$ 必须是张量。于是由微分与降秩得到 $\dfrac{\partial p_{\nu\sigma}}{\partial x_\sigma}$，所以它是矢量，乘以标量的倒数 $\dfrac{1}{\rho}$ 后仍然是矢量。至于 $p_{\nu\sigma}$ 是张量，因而按照方程

$$p'_{\mu\nu} = b_{\mu\alpha} b_{\nu\beta} \, p_{\alpha\beta}$$

变换，这在力学里将这个方程就无穷小的四面体取积分就可得到证明。在力学里，将矩定理应用于无穷小的平行六面体，还证明了 $p_{\nu\sigma} = p_{\sigma\nu}$。因此也就是证明了胁强张量是对称张量。从以上所说就可知道：借助于前面给出的规则，方程对于空间的正交变换（旋转变换）是协变的；并且为了使方程具有协变性，方程里各个量在变换时所必须遵照的规则也明显了。根据前面所述，连续性方程

$$\frac{\partial \rho}{\partial t} + \frac{\partial(\rho u_\nu)}{\partial x_\nu} = 0 \tag{17}$$

的协变性便无须特别讨论。

还要对于表示胁强分量如何依赖于物质性质的方程检查协变性，并借助于协变条件，对于可压缩的黏滞流体建立这种方程。如果忽略黏滞流体，则压强 p 将是标量，并将只和流体的密度与温度有关。于是对于胁强张量的贡献显然是

$$p\,\delta_{\mu\nu}$$

其中 $\delta_{\mu\nu}$ 是特殊的对称张量。在黏滞流体的情况下,这一项还是有的。不过在这个情况下,还会有一些依赖于 u_{ν} 的空间导数的压强项。假定这种依赖关系是线性的。因为这几项必须是对称张量,所以会出现的只是

$$\alpha\left(\frac{\partial u_{\mu}}{\partial x_{\nu}}+\frac{\partial u_{\nu}}{\partial x_{\mu}}\right)+\beta\delta_{\mu\nu}\frac{\partial u_{a}}{\partial x_{a}}$$

$\left(\text{因为}\dfrac{\partial u_{a}}{\partial x_{a}}\text{是标量}\right)$。由于物理上的理由(没有滑动),对于在所有方向的对称膨胀,即当

$$\frac{\partial u_{1}}{\partial x_{1}}=\frac{\partial u_{2}}{\partial x_{2}}=\frac{\partial u_{3}}{\partial x_{3}};\quad \frac{\partial u_{1}}{\partial x_{2}},\text{等等}=0$$

假设没有摩擦力,因此有 $\beta=-\dfrac{2}{3}\alpha$。如果只有 $\dfrac{\partial u_{1}}{\partial x_{3}}$ 不等于零,令 $p_{31}=-\eta\dfrac{\partial u_{1}}{\partial x_{3}}$,这样就确定了 α。于是获得全部胁强张量

$$p_{\mu\nu}=p\,\delta_{\mu\nu}-\eta\left[\left(\frac{\partial u_{\mu}}{\partial x_{\nu}}+\frac{\partial u_{\nu}}{\partial x_{\mu}}\right)-\frac{2}{3}\left(\frac{\partial u_{1}}{\partial x_{1}}+\frac{\partial u_{2}}{\partial x_{2}}+\frac{\partial u_{3}}{\partial x_{3}}\right)\delta_{\mu\nu}\right]$$

$$(18)$$

从这个例子显然看出由空间各向同性(所有方向的等效性)产生的不变量理论在认识上的启发价值。

最后讨论作为洛伦兹电子论基础的麦克斯韦方程的形式:

$$\left.\begin{array}{l}\dfrac{\partial h_{3}}{\partial x_{2}}-\dfrac{\partial h_{2}}{\partial x_{3}}=\dfrac{1}{c}\dfrac{\partial e_{1}}{\partial t}+\dfrac{1}{c}i_{1}\\[2mm]\dfrac{\partial h_{1}}{\partial x_{3}}-\dfrac{\partial h_{3}}{\partial x_{1}}=\dfrac{1}{c}\dfrac{\partial e_{2}}{\partial t}+\dfrac{1}{c}i_{2}\\[2mm]\cdots\cdots\cdots\cdots\cdots\cdots\cdots\cdots\\[2mm]\dfrac{\partial e_{1}}{\partial x_{1}}+\dfrac{\partial e_{2}}{\partial x_{2}}+\dfrac{\partial e_{3}}{\partial x_{3}}=\rho\end{array}\right\}$$

$$(19)$$

$$\left.\begin{array}{l}\dfrac{\partial e_3}{\partial x_2} - \dfrac{\partial e_2}{\partial x_3} = -\dfrac{1}{c}\dfrac{\partial h_1}{\partial t}\\[3mm]\dfrac{\partial e_1}{\partial x_3} - \dfrac{\partial e_3}{\partial x_1} = -\dfrac{1}{c}\dfrac{\partial h_2}{\partial t}\\[3mm]\cdots\cdots\cdots\cdots\cdots\cdots\cdots\cdots\\[3mm]\dfrac{\partial h_1}{\partial x_1} + \dfrac{\partial h_2}{\partial x_2} + \dfrac{\partial h_3}{\partial x_3} = 0\end{array}\right\} \qquad (20)$$

i 是矢量,因为电流密度的定义是电荷密度乘上电荷的矢速度。按照前三个方程,e 显然也是当作矢量的。于是 h 就不能当作矢量了。[①] 可是如果将 h 当作二秩反称张量,这些方程就容易解释。于是分别写 h_{23}, h_{31}, h_{12} 以代替 h_1, h_2, h_3。注意到 $h_{\mu\nu}$ 的反称性,(19) 与 (20) 的前三个方程就可写成如下的形式:

$$\frac{\partial h_{\mu\nu}}{\partial x_\nu} = \frac{1}{c}\frac{\partial e_\mu}{\partial t} + \frac{1}{c}i_\mu \qquad (19a)$$

$$\frac{\partial e_\mu}{\partial x_\nu} - \frac{\partial e_\nu}{\partial x_\mu} = \frac{1}{c}\frac{\partial e_\mu}{\partial t} + \frac{1}{c}\frac{\partial h_{\mu\nu}}{\partial t} \qquad (20a)$$

和 e 对比,h 看来是和角速度具有同样对称类型的量。于是散度方程取下列形式:

$$\frac{\partial e_\nu}{\partial x_\nu} = \rho \qquad (19b)$$

$$\frac{\partial h_{\mu\nu}}{\partial x_\rho} + \frac{\partial h_{\mu\rho}}{\partial x_\mu} + \frac{\partial h_{\rho\mu}}{\partial x_\nu} = 0 \qquad (20b)$$

后一个方程是三秩反称张量的方程(如果注意到 $h_{\mu\nu}$ 的反称性,就容易证明左边对于每对指标的反称性)。这种写法比较通常的写法要更自然些,因为和后者对比,它适用于笛卡儿左手系,就像适用于右手系一样,不用变号。

---

① 这些讨论可使读者熟悉张量运算而免除了处理四维问题的特殊困难;这样遇到狭义相对论里的相应讨论(闵可斯基关于场的解释)就会感到较少的困难。

已知的爱因斯坦最早的相片

第 二 章

狭义相对论

· The Theory of Special Relativity ·

　　相对论常遭指责，说它未加论证就把光的传播放在中心理论的地位，以光的传播定律作为时间概念的基础。然而情形大致如下。为了赋予时间概念以物理意义，需要某种能建立不同地点之间的关系的过程。为这样的时间定义究竟选择哪一种过程是无关重要的。可是为了理论只选用那种已有某些肯定了解的过程是有好处的。由于麦克斯韦与洛伦兹的研究之赐，和任何其他考虑的过程相比，我们对于光在真空中的传播是了解得更清楚的。

　　根据所有这些讨论，空间与时间的数据所具有的不是仅仅想象上的意义，而是物理上真实的意义；特别是对于所有含有坐标与时间的关系式。

Das Gesetz von der Äquivalenz von Masse und Energie $\left(E = mc^2\right)$

In der vor-relativistischen Physik gab es zwei voneinander unabhängige Erhaltungs bezw. Bilanz gesetze, die strenge Gültigkeit beanspruchten, nämlich

1) den Satz von der Erhaltung der Energie
2) den Satz von der Erhaltung der Masse.

Der Satz von der Erhaltung der Energie, welcher schon von Leibnitz in seiner vollen Allgemeinheit als gültig vermutet wurde, entwickelte sich im 19. Jahrhundert wesentlich als eine Folge eines Satzes der Mechanik. Man betrachtete ein Pendel, dessen Masse zwischen den Punkten A und B hin und her schwingt. In A (und B) verschwindet die Geschwindigkeit v, und die Masse steht um h höher als als im tiefsten Punkte C der Bahn. In C ist diese Hubhöhe verloren gegangen; dafür aber hat die Masse hier eine Geschwindigkeit v. Es ist, wie wenn sich Hubhöhe in Geschwindigkeit und umgekehrt restlos verwandeln könnten. Die exakte Beziehung ist

$$m\,g\,h = \frac{m}{2}\,v^2,$$

wobei g die Beschleunigung der Erdschwere bedeutet. Das Interessante dabei ist, dass diese Beziehung unabhängig ist von der Länge des Pendels und überhaupt von der Form der Bahn in welcher die Masse geführt wird. Interpretation: es gibt ein etwas (natürlich die Energie) das während des Vorgangs erhalten bleibt. In A ist die Energie eine Energie der Lage oder „potentielle Energie" in C eine „Energie der Bewegung" oder „kinetische Energie". Wenn diese Auffassung das Wesen der Sache richtig erfasst, so muss die Summe

$$m\,g\,h + m\,\frac{v^2}{2}$$

auch für alle Zwischenlagen denselben Wert haben, wenn man mit h die Höhe über C und mit v die Geschwindigkeit in einem beliebigen Punkte der Bahn bezeichnet. Dies verhält sich in der That so. Die Verallgemeinerung dieses Satzes gibt den Satz von der Erhaltung der mechanischen Energie. Wie aber, wenn das Pendel schliesslich durch Reibung zur Ruhe gekommen ist? Davon später.

Beim Studium der Wärme war man zu wichtigen Ergebnissen gekommen unter Zugrundelegung der Annahme, dass die Wärme ein unzerstörbarer Stoff sei, der vom wärmeren zum kälteren Stoff fliesst. Es schien einen „Satz von der Erhaltung der Wärme" zu geben. Andererseits aber waren seit undenklichen Zeiten Erfahrungen bekannt, nach denen durch Reibung Wärme erzeugt wird (Erzeugen des Feuers). Nachdem sich die Physiker lange dagegen

　　前面关于刚体位形的讨论,所根据的基础是不管欧几里得几何的有效性的假定,而假设空间中的一切方向,或笛卡儿坐标系的所有位形,在物理上是等效的。这可以说是"关于方向的相对性原理";并曾经指出:按照这个原理,借助于张量如何可以来寻求方程(自然界定律)。现在要问:参照空间的运动状态是否有相对性? 换句话说,相对运动着的参照空间在物理上是否是等效的? 根据力学的观点,等效的参照空间看来确是存在的。因为我们正以每秒 30 千米左右的速度绕日运动,而在地球上的实验丝毫没有说明这个事实。另一方面,这种物理上的等效性,看来并不是对任意运动的参照空间都成立;因为在颠簸运行的火车里和在做匀速运动的火车里,力学效应看来并不遵从同样的定律;在写下相对于地球的运动方程时,必须考虑地球的转动。所以好像存在着一些笛卡儿坐标系,所谓惯性系,参照这类坐标系便可将力学定律(更普遍地说是物理定律)表示成最简单的形式。我们可以推测下列命题的有效性:如果 K 是惯性系,则相对于 K 做匀速运动而无转动的其他坐标系 K' 也是惯性系;自然界定律对于所有惯性系都是一致的。我们将这个陈述称为"狭义相对性原理"。就像对于方向的相对性所曾经做的那样,我们要由这个"平动的相对性"的原理推出一些结论。

　　为了能够这样做,必须首先解决下列问题。如果给定一个事件相对于惯性系 K 的笛卡儿坐标 x_ν 与时刻 t,而惯性系 K' 相对于 K 作匀速平动,如何计算同一事件相对于 K' 的坐标 x'_ν 与时刻 t'? 在相对论前的物理学里,解决这个问题时不自觉地做了两个假设:

◀1946 年《科学画报》发表爱因斯坦题为"$E=mc^2$——我们这个时代最紧迫的问题"的文章。

1. 时间是绝对的

一个事件相对于 K' 的时刻 t' 和相对于 K 的时刻相同。如果瞬时的讯号能送往远处，并且如果知道时计的运动状态对它的快慢没有影响，则这个假定在物理上是适用的。因为这样就可以在 K 与 K' 两系遍布彼此同样并且校准得一样的时计，相对于 K 或 K' 保持静止，而它们指示的时间会和系的运动状态无关；于是一个事件的时刻就能由其邻近的时计指出。

2. 长度是绝对的

如果相对于 K 为静止的间隔具有长度 s，而 K' 相对于 K 是运动的，则它相对于 K' 也有同样的长度 s。

如果 K 与 K' 的轴彼此平行，则基于这两个假设的简单计算给出变换方程

$$x'_\nu = x_\nu - a_\nu - b_\nu t \\ t' = t - b \tag{21}$$

这个变换称为"伽利略变换"。对时间取微商两次，得

$$\frac{\mathrm{d}^2 x'_\nu}{\mathrm{d}t^2} = \frac{\mathrm{d}^2 x_\nu}{\mathrm{d}t^2}.$$

此外，对于两个同时的事件，还有

$$x'^{(1)}_\nu - x'^{(2)}_\nu = x^{(1)}_\nu - x^{(2)}_\nu$$

平方并相加，结果就得到两点间距离的不变性。由此容易获得牛顿运动方程对于伽利略变换（21）的协变性。因此如果作了关于尺度与时计的两个假设，则经典力学是符合狭义相对性原理的。

然而应用于电磁现象时，这种将平动的相对性建立在伽利略变换上的企图就失败了。麦克斯韦、洛伦兹电磁方程对于伽利略变换并不是协变的。特别是，我们注意到：根据（21），对于 K 有速度 c 的一道光线对于 K' 就有不同的速度，有赖于它的方

向。因此就其物理性质而论，K 的参照空间和相对于它（静止的以太）做运动的所有参照空间便有区别。但是所有的实验都证实：相对于作为参照物体的地球，电磁与光的现象并不受地球平动速度的影响。这类实验当中最重要的是假定大家都知道的迈克耳孙与莫雷的实验。因此狭义相对性原理也适用于电磁现象就难于怀疑了。

另一方面，麦克斯韦、洛伦兹方程对于处理运动物体里光学问题的适用性已获得证实。没有别的理论曾经满意地解释光行差的事实、光在运动物体中的传播（斐索）和双星中观察到的现象（德·锡托）。麦克斯韦、洛伦兹方程的一个推论是：至少对于一个确定的惯性系 K，光以速度 c 在真空中传播；于是必须认为这个推论是证实了的。按照狭义相对性原理，还须假定这个原理对于每个其他惯性系的真实性。

从这两个原理作出任何结论之前，必须首先重新考察"时间"与"速度"概念的物理意义。由前面知道：对于惯性系的坐标是借助于用刚体作测度和结构来下物理上的定义的。为了测定时间，曾经假定在某处有时计 U，相对于 K 保持静止。然而如果事件到时计的距离不应忽略，就不能用这只时计来确定事件的时刻；因为不存在能用来比较事件时刻和时计时刻的"即时讯号"。为了完成时间的定义，可以使用真空中光速恒定的原理。假定在 K 系各处放置同样的时计，相对于 K 保持静止，并按下列安排校准。当某一时计 U_m 指着时刻 t_m 时，从这只时计发出光线，在真空中通过距离 r_{mn} 到时计 U_n；当光线遇着时计 U_n 的时刻，使时计 U_n 对准到时刻 $t_n = t_m + \dfrac{r_{mn}}{c}$①。光速恒定原理于是断定这样校准时计不会引起矛盾。用这样校准好的时计就能指出发生在任何时计近旁的事件的时刻。重要的是注意到

---

① 严格地说，先作出大致如下的定义就更正确些：如果从区间 AB 的中点 M 观察，发生在 K 系的 A 与 B 两点的事件看起来是在同一时刻的，则这两个是同时的事件。于是定义时间为同样时计的指示的总合，这些时计相对于 K 保持静止，并同时记录相同的时间。

这个时间的定义只关系到惯性系 K，因为我们曾经使用一组相对于 K 为静止的时计。从这个定义丝毫得不出相对论前物理学所作的关于时间的绝对特性（即时间和惯性系的选择无关的性质）的假设。

相对论常遭指责，说它未加论证就把光的传播放在中心理论的地位，以光的传播定律作为时间概念的基础。然而情形大致如下。为了赋予时间概念以物理意义，需要某种能建立不同地点之间的关系的过程。为这样的时间定义究竟选择哪一种过程是无关重要的。可是为了理论只选用那种已有某些肯定了解的过程是有好处的。由于麦克斯韦与洛伦兹的研究之赐，和任何其他考虑的过程相比，我们对于光在真空中的传播是了解得更清楚的。

根据所有这些讨论，空间与时间的数据所具有的不是仅仅想象上的意义，而是物理上真实的意义；特别是对于所有含有坐标与时间的关系式，如就关系式（21）而论，这句话是适用的。因此询问那些方程是否真确，以及询问用来从一个惯性系 K 到另一对它做相对运动的惯性系 K' 的真实变换方程为何，是有意义的。可以证明：这将借光速恒定原理与狭义相对性原理而唯一确定。

为达此目的，我们设想，按已经指出的途径，对于 K 与 K' 两个惯性系，空间与时间已从物理上得到定义。此外，设一道光线从 K 中一点 P_1 穿过真空通往另一点 P_2。如果 r 是两点间测得的距离，则光的传播必须满足方程

$$r = c\,\Delta t$$

如果取方程两边的平方，用坐标差 Δx_ν 表示 r^2，则可写出

$$\sum (\Delta x_\nu)^2 - c^2 \Delta t^2 = 0 \qquad (22)$$

以代替原来的方程。这个方程将光速恒定原理表示成相对于 K 的公式。不论发射光线的光源怎样运动，这个公式必须成立。

相对于 K' 也可考虑光的相同的传播问题，光速恒定原理在这个情况下也必须满足。因此对于 K'，有方程

$$\sum (\Delta x'_\nu)^2 - c^2 \Delta t'^2 = 0 \qquad (22a)$$

对于从 K 到 K' 的变换，方程（22a）与（22）必须彼此互相一致。体现这一点的变换将称为"洛伦兹变换"。

在详细考虑这些变换之前，我们还要对丁空间与时间略作一般的讨论。在相对论前的物理学里，空间与时间是不相关联的事物。时间的确定和参照空间的选择无关。牛顿力学对于参照空间是具有相对性的，所以例如像两个不同时的事件发生在同一地点的陈述便没有客观意义（就是和参照空间无关）。但是这种相对性在建立理论时没有用处。说到空间的点，就像说到时间的时刻一样，就好像它们是绝对的实在。那时不曾看到确定时空的真正元素是用 x_1, x_2, x_3, t 四个数所确定的事件。某事发生的概念总是四维连续区域的概念；然而对这一点的认识却被相对论前时间的绝对特性蒙蔽住了。放弃了时间的，特别是同时性的绝对性假设，时空概念的四维性就立即被认识到了。既不是某事发生的空间地点，也不是它发生时间的时刻，而只有事件本身具有物理上的真实性。后面将会看到：两个事件间没有空间的绝对（和参照空间无关的）关系，也没有时间的绝对关系，但是有空间与时间的绝对（和参照空间无关的）关系。并不存在将四维连续区域分成三维空间与一维时间连续区域的在客观上合理的区分，这个情况说明如果将自然界定律表示成四维时空连续区域里的定律，则所采取的形式是逻辑上最满意的。相对论在方法上巨大的进展有赖于此，这种进展应归功于闵可斯基。从这个观点来考虑，必须将 x_1, x_2, x_3, t 当作事件在四维连续区域里的四个坐标。我们自己对于这种四维连续区域里种种关系的想象，在成就上远逊于对三维欧几里得连续区域里诸关系的想象；然而必须着重指出：即使在欧几里得三维几何学里，其概念与关系也只是在我们心目中具有抽象性质的，和我们目睹以及通过触觉所获得的印象全然不是等同的。但是事件的四维连续区域的不可分割性丝毫没有空间坐标和时间坐标等效的含义。相反地,必须记着从物理上定义时间坐标是和定义空间坐标完全不同的。使(22)与(22a)两关系式相等便定义了洛伦兹变换。这两个关系式又指出时间坐标和空间坐标地位的不同;因为 Δt^2 一项和 $\Delta x_1^2, \Delta x_2^2, \Delta x_3^2$ 等空间项的符号相反。

在继续分析为洛伦兹变换下定义的条件之前,为了使今后推演的公式里不致明显地含恒量 c,将引用光时间 $l = ct$ 以代替时间 t。于是规定洛伦兹变换,首先要求它能使方程

$$\Delta x_1^2 + \Delta x_2^2 + \Delta x_3^2 - \Delta l^2 = 0 \qquad (22b)$$

成为协变方程,就是说,如果方程对于两个既定事件(光线的发射与接收)所参照的惯性系能满足,则它对于每个惯性系都能满足。最后,仿闵可斯基,引用虚值的时间坐标

$$x_4 = il = ict(\sqrt{-1} = i)$$

以代替实值的时间坐标 $l = ct$。于是确定光的传播的方程便成了

$$\sum_{(4)} \Delta x_\nu^2 = \Delta x_1^2 + \Delta x_2^2 + \Delta x_3^2 + \Delta x_4^2 = 0 \qquad (22c)$$

这个方程必须对于洛伦兹变换是协变的。如果

$$s^2 = \Delta x_1^2 + \Delta x_2^2 + \Delta x_3^2 + \Delta x_4^2 \qquad (23)$$

对于变换是不变量这个更普遍的条件能满足,则上述条件就总能满足了。[①] 要满足这个条件,只有用线性变换,即形式为

$$x_\mu' = a_\mu + b_{\mu\alpha} x_\alpha \qquad (24)$$

的变换,其中要遍历 α 求和,即要从 $\alpha = 1$ 到 $\alpha = 4$ 求和。看一下方程(23)与(24)就知道:如果不论维数以及实性关系,则这样确定的洛伦兹变换和欧几里得几何学的平动与转动变换是一样的。也能推断:系数 $b_{\mu\alpha}$ 必须满足条件

$$b_{\mu\alpha} b_{\nu\alpha} = \delta_{\mu\nu} = b_{\alpha\mu} b_{\alpha\nu} \qquad (25)$$

因为诸 x_ν 的比值是实数,所以除掉 $a_4, b_{41}, b_{42}, b_{43}, b_{14}, b_{24}$ 与 b_{34} 具有纯虚值之外,所有其余的 a_μ 与 $b_{\mu\alpha}$ 都具有实值。

---

① 以后将明白这样的特殊化在于这种情况的性质。

特殊洛伦兹变换 如果只变换两个坐标,并令所有只确定新原点的 a_μ 都等于零,便得到(24)与(25)类型里最简单的变换。于是由关系式(25)所供给的三个独立条件求得

$$
\left.
\begin{aligned}
x_1' &= x_1 \cos\phi - x_2 \sin\phi \\
x_2' &= x_1 \sin\phi + x_2 \cos\phi \\
x_3' &= x_3 \\
x_4' &= x_4
\end{aligned}
\right\}
\tag{26}
$$

这是(空间)坐标系在空间绕 x_3 轴的简单转动。我们看到前面研究过的空间转动变换(没有时间变换)是作为特殊情况包括在洛伦兹变换里的。类此,对于指标 1 与 4,有

$$
\left.
\begin{aligned}
x_1' &= x_1 \cos\psi - x_4 \sin\psi \\
x_4' &= x_1 \sin\psi + x_4 \cos\psi \\
x_2' &= x_2 \\
x_3' &= x_3
\end{aligned}
\right\}
\tag{26a}
$$

由于实性关系,对于 ψ 需取虚值。为了从物理上解释这些方程,引用实值的光时间 l 与 K' 相对于 K 的速度 ν 以代替虚值的 ψ 角。首先有

$$
x_1' = x_1 \cos\psi - il \sin\psi
$$
$$
l' = -ix_1 \sin\psi + l \cos\psi
$$

因为对于 K' 的原点,即对于 $x_1' = 0$,必须有 $x_1 = \nu l$,所以由第一个方程有

$$
\nu = i \tan\psi
\tag{27}
$$

还有

$$
\left.
\begin{aligned}
\sin\psi &= \frac{-i\nu}{\sqrt{1-\nu^2}} \\
\cos\psi &= \frac{+1}{\sqrt{1-\nu^2}}
\end{aligned}
\right\}
\tag{28}
$$

于是得到

$$x'_1 = \frac{x_1 - \nu l}{\sqrt{1 - \nu^2}}$$
$$l' = \frac{l - \nu x_1}{\sqrt{1 - \nu^2}}$$
$$x'_2 = x_2$$
$$x'_3 = x_3$$

(29)

这些方程形成众所周知的特殊洛伦兹变换；在普遍的理论里，这种变换表示四维坐标系按虚值转角所作的转动，如果引用通常的时间 t 来代替光时间 l，则必须在（29）里将 l 换成 ct，将 ν 换成 $\frac{\nu}{c}$。

现在必须补填一个漏洞。根据光速恒定原理，方程

$$\sum \Delta x_\nu^2 = 0$$

具有和惯性系的选择无关的特征；但丝毫不应由此推断 $\sum \Delta x_\nu^2$ 这个量的不变性。这个量在变换中可能还带有一个因子，因为（29）的右边可能乘上可以依赖于 ν 的因子 λ。然而现在要证明相对性原理不容许这个因子不等于 1。假设有一个圆柱形的刚体沿其轴线方向运动。如果在静止时用单位长的量杆测得其半径等于 R_0，则运动时，其半径 R 可能不等于 R_0，因为相对论并没有假定对于某一参照空间，物体的形状和它们相对于这个参照空间的运动无关。然而空间所有的方向必须彼此等效。所以 R 可能依赖于速度的大小 q，但与其方向无关；因此 R 必须是 q 的偶函数。设圆柱相对于 K' 为静止，则其侧表面方程是

$$x'^2 + y'^2 = R_0^2$$

如果将（29）的最后两个方程更普遍地写成

$$x'_2 = \lambda x_2$$
$$x'_3 = \lambda x_3$$

则对于 K，圆柱侧表面满足方程

$$x^2 + y^2 = \frac{R_0^2}{\lambda^2}$$

所以因子 λ 测度圆柱的横向收缩,因此根据前面,只能是 ν 的偶函数。

如果引入第三个坐标系 K'',以速度 ν 沿 K 的负 x 轴方向而相对于 K' 运动,两次应用(29),便得到

$$x_1'' = \lambda(\nu)\lambda(-\nu)x_1$$

······

······

$$l'' = \lambda(\nu)\lambda(-\nu)l$$

现在因为 $\lambda(\nu)$ 必须等于 $\lambda(-\nu)$,且假定在所有的系里用同样的量杆,所以 K'' 到 K 的变换一定是恒等变换(因为无需考虑 $\lambda = -1$ 的可能性)。在这些讨论中有必要假定量杆的性质和其以前运动的历史无关。

运动的量杆与时计 在确定的 K 时间,$l=0$,以整数值 $x_1'=n$ 给定各点的位置,而对于 K,是以 $x_1 = n\sqrt{1-\nu^2}$ 给定的;这是由(29)的第一个方程得来的,并且表示洛伦兹收缩。在 K 的原点 $x_1 = 0$ 保持静止而以 $l = n$ 表示拍数的时计,由 K' 观察时,具有以

$$l' = \frac{n}{\sqrt{1-\nu^2}}$$

表示的拍数;这是由(29)的第二个方程得来的,并且表示时计比较它相对于 K' 为静止时要走得慢些。这两个结论,看情形加以适当的修改,适用于每个参照系;它们构成了洛伦兹变换摆脱了积习的物理内容。

速度的加法定理 如果将具有相对速度 ν_1 与 ν_2 的两个特殊洛伦兹变换合并起来,则按照(27),代替这两个变换的一个洛伦兹变换内所含的速度是

$$\nu_{12} = i\tan(\phi_1 + \phi_2) = i\frac{\tan\phi_1 + \tan\phi_2}{1 - \tan\phi_1\tan\phi_2} = \frac{\nu_1 + \nu_2}{1 + \nu_1\nu_2} \quad (30)$$

关于洛伦兹变换及其不变量理论的一般叙述 狭义相对论里不变量的全部理论有赖于(23)里的不变量 s^2。形式上,它在

四维时空连续区域里的地位就和不变量 $\Delta x_1^2 + \Delta x_2^2 + \Delta x_3^2$ 在欧几里得几何学与相对论前物理学里的地位一样。后面这个量对于所有的洛伦兹变换并非不变量；(23)式里的量 s^2 才取得这样的不变量的地位。对于任意的惯性系，s^2 可由量度来确定；采用既定的量度单位，则和任意的两个事件相联系的 s^2 是一个完全确定的量。

不论维数，不变量 s^2 和欧几里得几何学里相应的不变量有以下几点区别。在欧几里得几何学里，s^2 必然是正的；只有当所涉及的两点重合时，它才化为零。另一方面，根据

$$s^2 = \sum \Delta x_\nu^2 = \Delta x_1^2 + \Delta x_2^2 + \Delta x_3^2 - \Delta l^2$$

化为零并不能断定两个时空点的重合；s^2 这个量化为零是两个时空点可以在真空里用光讯号联系起来的不变性条件。如果 P 是在 x_1, x_2, x_3, l 的四维空间里所表示的一点（事件），则可用光

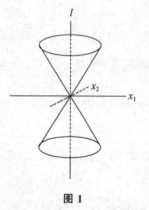

图 1

讯号和 P 联系起来的所有各"点"都在锥面 $s^2 = 0$ 上（参看图1，图上没显示出 x_3 这一维）。"上"半个锥面可以包含能把光讯号由 P 送达的各"点"；于是"下"半个锥面便会包含能把光讯号送达 P' 的各"点"。包在锥面内的点 P' 与 P 构成负值的 s^2；于是按照闵可斯基的说法，PP' 以及 $P'P$ 是类时间隔。这种间隔表示运动的可能路线的元素，速度小于光速。[①] 在这个情况下，适当地选择惯性系的运动状态就可以沿 PP' 的方向画出 l 轴。如果 P' 在"光锥"之外，则 PP' 是类空间隔；在这个情况下，适当地选择惯性系可以使 Δl 化为零。

闵可斯基由于引入虚值的时间变量 $x_4 = il$，便使得物理现

---

① 根据特殊洛伦兹变换(29)里根式 $\sqrt{1-v^2}$ 的出现，可以推知超过光速的物质速度是不可能的。

象中四维连续区域的不变量理论完全类似于欧几里得空间里三维连续区域的不变量理论。因此狭义相对论里四维张量的理论和三维空间里张量理论之间只在维数与实性关系上有所区别。

如果在 x_1,x_2,x_3,x_4 的任意惯性系里有四个量 A_ν，在实性关系与变换性质上和 Δx_ν 相当，则用这四个量指明出来的物理量称为具有分量 A_ν 的四元矢量；它可以是类空的或类时的。如果十六个量 $A_{\mu\nu}$ 按法则

$$A'_{\mu\nu}=b_{\mu\alpha}b_{\nu\beta}A_{\alpha\beta}$$

作变换，则构成了二秩张量的分量。由此可知在变换性质与实性性质上，$A_{\mu\nu}$ 和两个四元矢量 (U) 与 (V) 的分量 U_μ 与 V_ν 的乘积是一样的。其中除掉只含一个指标 4 的分量有纯虚值之外，其余所有的分量都具有实值。用类似办法可以为三秩和更高秩的张量下定义。这些张量的加法、减法、乘法、降秩与取微商运算，完全类似于三维空间里张量的相应的运算。

在把张量理论应用到四维时空连续区域之前，我们还要特别研究反称张量。二秩张量一般有 $16＝4\cdot4$ 个分量。在反称的情况下，具有两个相等指标的分量等于零，具有不等指标的分量则成对地相等而符号相反。所以就像电磁场的情况一样，只存在六个独立的分量。事实上只要把电磁场当作反称张量，在考虑到麦克斯韦方程时就会证明：可以将这些方程看成张量方程。还有，三秩反称的（对于所有各对指标都是反称的）张量显然只有四个独立的分量，因为三个不同的指标只有四种组合。

现在谈到麦克斯韦方程 (19a)，(19b)，(20a)，(20b)，引用写法[①]：

$$\left.\begin{array}{cccccc} \phi_{23} & \phi_{31} & \phi_{12} & \phi_{14} & \phi_{24} & \phi_{34} \\ h_{23} & h_{31} & h_{12} & -ie_x & -ie_y & -ie_z \end{array}\right\} \qquad (30a)$$

---

① 今后为了避免混淆，将用三维空间指标 x,y,z 代替 $1,2,3$，并将为四维时空连续区域保留数字指标 $1,2,3,4$。

$$\begin{array}{cccc} \mathfrak{J}_1 & \mathfrak{J}_2 & \mathfrak{J}_3 & \mathfrak{J}_4 \\ \dfrac{1}{c}i_x & \dfrac{1}{c}i_y & \dfrac{1}{c}i_z & i\rho \end{array} \right\} \qquad (31)$$

并约定 $\phi_{\mu\nu}$ 要等于 $-\phi_{\mu\nu}$，于是将（30a）与（31）代入麦克斯韦方程，便容易证明这些方程可以合并成以下形式：

$$\frac{\partial \phi_{\mu\nu}}{\partial x_\nu} = \mathfrak{J}_\mu \qquad (32)$$

$$\frac{\partial \phi_{\mu\nu}}{\partial x_\sigma} + \frac{\partial \phi_{\mu\sigma}}{\partial x_\mu} + \frac{\partial \phi_{\sigma\mu}}{\partial x_\nu} = 0 \qquad (33)$$

如果如我们假定的，$\phi_{\mu\nu}$ 与 $\mathfrak{J}_\mu$ 具有张量性质，则方程（32）与（33）具有张量性质，因而对于洛伦兹变换是协变的。结果是，将这些量由一个可容许的（惯性）坐标系变换到另一个所遵循的规律是唯一决定的。电动力学里归功于狭义相对论的那种方法上的进步主要在于减少了独立假设的个数。例如，倘若像在前面曾经进行过的那样，只从方向相对性的观点考察方程（19a），我们看到它们有三个逻辑上独立的项。电场强度怎样参与这些方程看来是和磁场强度怎样参与这些方程完全无关的；假使以 $\dfrac{\partial^2 e_\mu}{\partial l^2}$ 代替 $\dfrac{\partial e_\mu}{\partial l}$，或者假使没有 $\dfrac{\partial e_\mu}{\partial l}$ 这一项，好像也无足惊奇。另一方面，在方程（32）里只出现了两个独立的项。电磁场出现为一个形式上的单元；电场怎样参与这个方程决定于磁场是怎样参与的。除了电磁场，只有电流密度出现为独立的事物。这种方法上的进步是由于通过运动的相对性，使电场和磁场失却了它们不相联属的存在。由某个系来判断，一个场纯粹表现为电场；但由另一个惯性系来判断，这个场却还有磁场分量。将普遍的变换律应用于电磁场，则对于特殊洛伦兹变换这样的特殊情况就提供方程

$$\begin{aligned} e_x' &= e_x & h_x' &= h_x \\ e_y' &= \frac{e_y - \nu h_z}{\sqrt{1-\nu^2}} & h_y' &= \frac{h_y + \nu e_z}{\sqrt{1-\nu^2}} \\ e_z' &= \frac{e_z + \nu h_y}{\sqrt{1-\nu^2}} & h_z' &= \frac{h_z - \nu e_y}{\sqrt{1-\nu^2}} \end{aligned} \right\} \qquad (34)$$

如果对于 K 只存在磁场 $\mathbf{h}$，而没有电场 $\mathbf{e}$，则对于 K' 却还存在电场 $\mathbf{e}'$，它会作用到相对于 K' 为静止的带电质点上。相对于 K 为静止的观察者会称这个力为毕奥、萨伐尔力或洛伦兹电动力。所以好像这个电动力是和电场强度融合为一了。

为了从形式上观察这个关系，让我们考虑作用于单位体积电荷上的力的表示：

$$\boldsymbol{k} = \rho \boldsymbol{e} + \boldsymbol{i} \times \boldsymbol{h} \tag{35}$$

其中 $\mathbf{i}$ 是电荷的矢速度，以光速为单位。如果按照（30a）与（31）引用 $\mathfrak{A}_\mu$ 与 $\phi_{\mu\nu}$，则对于第一个分量便有表示式

$$\phi_{12} \mathfrak{A}_2 + \phi_{13} \mathfrak{A}_3 + \phi_{14} \mathfrak{A}_4$$

注意到由于张量 (ϕ) 的反称性，可知 ϕ_{11} 化为零，于是四维矢量

$$K_\mu = \phi_{\mu\nu} \mathfrak{A}_\nu \tag{36}$$

的前三个分量就是 $\boldsymbol{k}$ 的分量，而第四个分量就是

$$K_4 = \phi_{41} \mathfrak{A}_1 + \phi_{42} \mathfrak{A}_2 + \phi_{43} \mathfrak{A}_3 = i(e_x i_x + e_y i_y + e_z i_z) = i\lambda \tag{37}$$

所以有单位体积上的力的一个四维矢量，其前三个分量 k_1, k_2 与 k_3 是单位体积上的有质动力的分量。而其第四个分量是单位体积的场的功率乘以 $\sqrt{-1}$。

比较（36）与（35）就看出相对论在形式上将电场的有质动力 $\rho \boldsymbol{e}$ 和毕奥、萨伐尔力或洛伦兹力 $\boldsymbol{i} \times \boldsymbol{h}$ 连合起来了。

质量与能量 从四元矢量 K_μ 的存在与含义可以获致一项重要的结论。设想电磁场在某个物体上作用了一段时间。象征图（图 2）上的 Ox_1 是指 x_1 轴，同时也就代替着三条空间轴 Ox_1, Ox_2, Ox_3；Ol 是指实值的时间轴。在这个图上，线段 AB 表示在确定时间 l 的一个具有有限大小的物体；这个物体的整个时空的存在则以带形表示，带形的边界处处和 l 轴有小于 $45°$ 的倾斜。带形的一部分描了阴影，这部分在时间

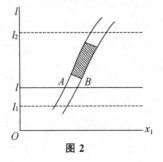

图 2

截口 $l=l_1$ 与 $l=l_2$ 之间，但没有伸达截口。在它所表示的这部分时空流形里，有电磁场作用于这个物体，或是作用于其所含的电荷而这种作用又传到了物体上。现在考虑物体的动量与能量由于这种作用的结果所起的变化。

假定动量与能量原理对于这个物体是适用的。于是动量的变化 $\Delta I_x, \Delta I_y, \Delta I_z$ 与能量的变化 ΔE 可用下列式子表示：

$$\Delta I_x = \int_{l_1}^{l_2} \mathrm{d}l \int k_x \, \mathrm{d}x \, \mathrm{d}y \, \mathrm{d}z = \frac{1}{i} \int K_1 \, \mathrm{d}x_1 \, \mathrm{d}x_2 \, \mathrm{d}x_3 \, \mathrm{d}x_4$$

$$\cdots\cdots$$
$$\cdots\cdots$$

$$\Delta E = \int_{l_1}^{l_2} \mathrm{d}l \int \lambda \, \mathrm{d}x \, \mathrm{d}y \, \mathrm{d}z = \frac{1}{i} \int \frac{1}{i} K_4 \, \mathrm{d}x_1 \, \mathrm{d}x_2 \, \mathrm{d}x_3 \, \mathrm{d}x_4$$

因为四维体素是不变量，而 (K_1, K_2, K_3, K_4) 形成四元矢量，所以遍及阴影部分的四维积分应按四元矢量变换；l_1 与 l_2 两限间的积分也应如此，因为区域里未描阴影的部分对于积分是没有贡献的。因此 $\Delta I_x, \Delta I_y, \Delta I_z, i\Delta E$ 形成四元矢量。因为可以设定各个量的本身变换起来和它们的增量一样，所以推断四个量

$$I_x, I_y, I_z, iE$$

的集体本身具有矢量特性；这些量所指的是物体的即时状态（例如在时刻 $l=l_1$）。

将这个物体当作质点，则这个四元矢量也可以用它的质量 m 与速度来表示。为了形成这样的表示式，首先注意到

$$-\mathrm{d}s^2 = \mathrm{d}\tau^2 = -(\mathrm{d}x_1^2 + \mathrm{d}x_2^2 + \mathrm{d}x_3^2) - \mathrm{d}x_4^2 = \mathrm{d}l^2(1-q^2) \quad (38)$$

是不变量，它涉及表示质点运动的四维曲线的一个无限短的部分。容易给出不变量 $\mathrm{d}\tau$ 的物理意义。如果选择时间轴，使它具有考虑中的线微分的方向，或者换句话说，如果将质点变换成静止，就会有 $\mathrm{d}\tau = \mathrm{d}l$；因此就可用和质点在同一地点，相对于质点为静止的光秒时计来测定。所以称 τ 为质点的原时。可见 $\mathrm{d}\tau$ 和 $\mathrm{d}l$ 不同，它是不变量。对于速度远低于光速的运动，它实际上等于 $\mathrm{d}l$。因此知道

$$u_\sigma = \frac{\mathrm{d}x_\sigma}{\mathrm{d}\tau} \tag{39}$$

正如 $\mathrm{d}x_\nu$ 一样,具有矢量的特性;(u_σ) 将称为速度的四维矢量(简称四元矢)。根据(38),其分量满足条件

$$\sum u_\sigma^2 = -1 \tag{40}$$

在三维里,质点的速度分量是以

$$q_x = \frac{\mathrm{d}x}{\mathrm{d}l}, q_y = \frac{\mathrm{d}y}{\mathrm{d}l}, q_z = \frac{\mathrm{d}z}{\mathrm{d}l}$$

为定义的;于是按通常的写法,速度的四元矢量的分量是

$$\frac{q_x}{\sqrt{1-q^2}}, \frac{q_y}{\sqrt{1-q^2}}, \frac{q_z}{\sqrt{1-q^2}}, \frac{i}{1\sqrt{-q^2}} \tag{41}$$

我们知道:速度的四元矢量是可能由三维里质点速度分量形成的唯一的四元矢量。所以又知道

$$\left(m\frac{\mathrm{d}x_\mu}{\mathrm{d}\tau}\right) \tag{42}$$

必然就是应当和动量与能量的四元矢量相等的四元矢量,而动量与能量的四元矢量的存在性是上面证明了的。使对应的分量相等并用三维的写法,便得到

$$\left.\begin{array}{l} I_x = \frac{mq_x}{\sqrt{1-q^2}} \\ \cdots\cdots \\ \cdots\cdots \\ E = \frac{m}{\sqrt{1-q^2}} \end{array}\right\} \tag{43}$$

　　事实上可以认识:对于远低于光速的速度,这些动量的分量和经典力学里的相符。对于高速度,动量的增长比较随速度的线性增长要快,以致在接近光速时趋于无限大。

　　如果将(43)里最后的方程应用于静止质点($q=0$),便知道静止物体的能量 E_0 等于其质量。如果取秒为时间的单位,就会得到

$$E_0 = mc^2 \tag{44}$$

所以质量与能量实质上是相像的；它们只是同一事物[1]的不同表示。物体的质量不是恒量；它随着物体能量的改变而改变。[2] 由 (43) 里末一个方程可知，当 q 趋于 1，即趋近光速时，E 将无限增大。 如果按 q^2 的幂展开 E，便得到

$$E = m + \frac{m}{2}q^2 + \frac{3}{8}mq^4 \cdots + \cdots \tag{45}$$

这个表示式的第二项相当于经典力学里质点的动能。

质点的运动方程 由 (43)，对于时间 l 求微商，并利用动量原理，则采用三维矢量的写法，就得到

$$\boldsymbol{K} = \frac{\mathrm{d}}{\mathrm{d}l}\left(\frac{mq}{\sqrt{1-q^2}}\right) \tag{46}$$

从前这个方程曾被 H. A. 洛伦兹用之于电子的运动。β 射线的实验以高度准确性证明了这个方程的真实。

电磁场的能张量 在相对论创立前，已经知道电磁场的能量与动量的原理能够以微分形式表示。这些原理的四维表述引入了重要的能张量概念，这个概念对于相对论的进一步发展是重要的。

如果使用方程 (32)，在单位体积上的力的四元矢量表示式

$$K_\mu = \phi_{\mu\nu} \mathfrak{F}_\nu$$

里以场的强度 $\phi_{\mu\nu}$ 表示 $\mathfrak{F}_\nu$，则经过一些变换和场方程 (32) 与 (33) 的重复运用之后，求得表示式

$$K_\mu = -\frac{\partial T_{\mu\nu}}{\partial x_\nu} \tag{47}$$

其中曾令[3]

$$T_{\mu\nu} = -\frac{1}{4}\phi_a^2 \beta \delta_{\mu\nu} + \phi_{\mu a}\phi_{\nu a} \tag{48}$$

如果使用新的写法，将方程 (47) 改成

---

[1] 这里把质量和能量说成是同一事物，是不合于辩证唯物主义观点的。——中文译本编者注。

[2] 放射过程中能量的发射显然和原子量不是整数的事实有关系。近年来在许多事例中证实了方程 (44) 所表示的静质量与静能量间的相当性。放射分解所得质量之和总是少于在分解中的原子的质量。其差以产出粒子的动能形式和释放的辐射能形式出现。

[3] 按指标 α 与 β 求和。

$$k_x = -\frac{\partial p_{xx}}{\partial x} - \frac{\partial p_{xy}}{\partial y} - \frac{\partial p_{xz}}{\partial z} - \frac{\partial(ib_x)}{\partial(il)}$$

$$\cdots\cdots$$

$$\cdots\cdots \quad\quad\quad\quad\quad\quad\quad\quad\quad\quad\quad (47a)$$

$$i\lambda = -\frac{\partial(is_x)}{\partial x} - \frac{\partial(is_y)}{\partial y} - \frac{\partial(is_z)}{\partial z} - \frac{\partial(-\eta)}{\partial(il)}$$

或消去虚数单位

$$k_x = -\frac{\partial p_{xx}}{\partial x} - \frac{\partial p_{xy}}{\partial y} - \frac{\partial p_{xz}}{\partial z} - \frac{\partial b_x}{\partial l}$$

$$\cdots\cdots$$

$$\cdots\cdots \quad\quad\quad\quad\quad\quad\quad\quad\quad\quad\quad (47b)$$

$$\lambda = -\frac{\partial s_x}{\partial x} - \frac{\partial s_y}{\partial y} - \frac{\partial s_z}{\partial z} - \frac{\partial \eta}{\partial l}$$

则方程(47)的物理意义就明显了。

表示成后面这种形式时,便知道前三个方程所表述的是动量原理;$p_{xx},\cdots,p_{zz}$ 是电磁场里的麦克斯韦胁强,而(b_x,b_y,b_z)是场的单位体积的矢动量。(47b)里最后的方程所表示的是能量原理;s 是能量的矢通量,而 η 是场的单位体积的能量。事实上,引用场强度的实值分量,可由(48)获得下列电动力学里熟悉的式子:

$$p_{xx} = -h_x h_x + \frac{1}{2}(h_x^2 + h_y^2 + h_z^2) - e_x e_x + \frac{1}{2}(e_x^2 + e_y^2 + e_z^2)$$

$$p_{xy} = -h_x h_y - e_x e_y$$

$$p_{xz} = -h_x h_z - e_x e_z$$

$$\cdots\cdots$$

$$\cdots\cdots \quad\quad\quad\quad\quad\quad\quad\quad\quad\quad\quad (48a)$$

$$b_x = s_x = e_y h_z - e_z h_y$$

$$\cdots\cdots$$

$$\cdots\cdots$$

$$\eta = +\frac{1}{2}(e_x^2 + e_y^2 + e_z^2 + h_x^2 + h_y^2 + h_z^2)$$

由(48)可见电磁场的能张量是对称的；这联系到单位体积的动量和能量通量彼此相等的事实（能量与惯量间的关系）。

于是由这些讨论断定单位体积的能量具有张量的特性。这只是对于电磁场才直接证明过，然而可以主张它具有普遍的适用性。已知电荷与电流的分布时，麦克斯韦方程可以确定电磁场。但是我们不知道控制电流与电荷的定律。我们的确知道电是由基本粒子（电子，阳原子核）构成的，然而从理论的观点来看，我们对此还不能通晓。在大小与电荷都已确定的粒子里，我们不知道决定电分布的能量因素，而且在这个方向上完成理论的一切企图都失败了。那么如果稍为有可能在麦克斯韦方程的基础上来建立理论的话，则只知道带电粒子外面的电磁场能张量。[①] 只有在带电粒子外面的区域里，我们才能相信我们拥有能张量的完全表示式；在这些区域里，根据(47)，有

$$\frac{\partial T_{\mu\nu}}{\partial x_\nu} = 0 \tag{47c}$$

守恒原理的普遍表示式　我们几乎不能避免假设在所有其他的情况下，能量的空间分布也是由一个对称张量 $T_{\mu\nu}$ 来给定，并且这个完全的能张量处处满足式子(47c)。无论怎样，会看到由这个假设能获得能量原理积分形式的正确表示式。

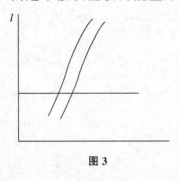

图 3

设想一个空间有界的闭合系，可以从四维的观点表为带形，在它外面的 $T_{\mu\nu}$ 化为零（图3）。在某一空间截口上求方程(47c)的积分。因为由于在积分限上 $T_{\mu\nu}$ 等于零，$\frac{\partial T_{\mu1}}{\partial x_1}, \frac{\partial T_{\mu2}}{\partial x_2}$ 与 $\frac{\partial T_{\mu3}}{\partial x_3}$ 的积分都等于零，所以得到

_____

①　曾经企图将带电粒子当作真奇异点来补救这项知识的不足。但是我认为这意味着放弃对于物质结构的真正了解。我看与其满足于仅仅是表面上的解答，还不如承认我们目前的无能要好得多。

$$\frac{\partial}{\partial l}\left\{\int T_{\mu 4}\,dx_1\,dx_2\,dx_3\right\}=0 \tag{49}$$

括弧里的式子表示整个系的动量乘 i，以及系的负能量，因此（49）表示了守恒原理的积分形式。由下面的讨论就会看到它所给的是能量和守恒原理的正确概念。

物质的能张量的唯象表示

流体动力学方程　我们知道物质是带电粒子构成的，但是不知道控制这些粒子构造的定律。因此在处理力学问题时不得不利用相当于经典力学里那样不精确的物质描述。这样的描述是以物质密度 σ 与流体动力压强这些基本概念为基础的。

设 σ_0 为物质在某一地点的密度，是参照着随物质运动的坐标系来估量的。那么静密度 σ_0 是不变量。如果设想物质在作任意的运动，并且不计压强（真空里的尘埃微粒，不计其大小与温度），则能张量将只和速度分量 u_ν 与 σ_0 有关。令

$$T_{\mu\nu}=\sigma_0 u_\mu u_\nu \tag{50}$$

使 $T_{\mu\nu}$ 取得张量特性，式中 u_μ，作三维表示，是由（41）给定的。事实上，由（50）可知 $q=0$ 时，$T_{44}=-\sigma_0$（等于单位体积的负能量），有如根据质能相当性原理，并按照前面关于能张量的物理解说，所应得的结果。如果有外力（四维矢量 K_μ）作用于物质，由动量与能量的原理，方程

$$K_\mu=\frac{\partial T_{\mu\nu}}{\partial x_\nu}$$

必须成立。现在证明这个方程会导致同样的曾经获得的质点运动定律。设想物质在空间中的范围是无限小的，就是设想一条四维的线；于是对于空间坐标 x_1,x_2,x_3，遍历整条线取积分，便得

$$\int K_1\,dx_1\,dx_2\,dx_3=\int \frac{\partial T_{14}}{\partial x_4}\,dx_1\,dx_2\,dx_3$$

$$= -i \frac{\mathrm{d}}{\mathrm{d}l} \left\{ \int \sigma_0 \frac{\mathrm{d}x_1}{\mathrm{d}\tau} \frac{\mathrm{d}x_4}{\mathrm{d}\tau} \mathrm{d}x_1 \mathrm{d}x_2 \mathrm{d}x_3 \right\}$$

$\int \mathrm{d}x_1 \mathrm{d}x_2 \mathrm{d}x_3 \mathrm{d}x_4$ 是不变量,于是 $\int \sigma_0 \mathrm{d}x_1 \mathrm{d}x_2 \mathrm{d}x_3 \mathrm{d}x_4$ 也是不变量。 对于不同的坐标系来计算这个积分,首先是刚才选定的惯性系,然后是物质相对于它具有零速度的一个系。通过那条线的一根纤维求积分,对于这样的纤维,可以认为 σ_0 在整个截口上是一样的。设纤维对于这两个系的空间体积分别是 dV 与 dV_0,则有

$$\int \sigma_0 \mathrm{d}V \mathrm{d}l = \int \sigma_0 \mathrm{d}V_0 \mathrm{d}\tau$$

所以还有

$$\int \sigma_0 \mathrm{d}V = \int \sigma_0 \mathrm{d}V_0 \frac{\mathrm{d}\tau}{\mathrm{d}l} = \int \mathrm{d}mi \frac{\mathrm{d}\tau}{\mathrm{d}x_4}$$

如果在前面的积分里,用这里的右边来代替左边,将 $\frac{\mathrm{d}x_1}{\mathrm{d}\tau}$ 放在积分号外面,便得

$$K_x = \frac{\mathrm{d}}{\mathrm{d}l} \left(m \frac{\mathrm{d}x_1}{\mathrm{d}\tau} \right) = \frac{\mathrm{d}}{\mathrm{d}l} \left(\frac{m q_x}{\sqrt{1 - q^2}} \right)$$

因此可见推广了的能张量概念符合于前面的结果。

理想流体的欧拉方程 为了更接近于真实物质的性质,必须在能张量里加上相当于压强的一项。最简单的就是理想流体的情况,这里压强决定于标量 p。因为在这种情况下,能张量的贡献应具有 $p\delta_{\mu\nu}$ 的形式。所以需令

$$T_{\mu\nu} = \sigma u_\mu u_\nu + p \delta_{\mu\nu} \tag{51}$$

在这种情况下,静止时物质的密度,或单位体积的能量,不是 σ 而是 $\sigma - p$。因为

$$-T_{44} = -\sigma \frac{\mathrm{d}x_4}{\mathrm{d}\tau} \frac{\mathrm{d}x_4}{\mathrm{d}\tau} - p \delta_{44} = \sigma - p$$

没有任何力的时候,有

$$\frac{\partial T_{\mu\nu}}{\partial x_\nu} = \sigma u_\nu \frac{\partial u_\mu}{\partial x_\nu} + u_\mu \frac{\partial (\sigma u_\nu)}{\partial x_\nu} + \frac{\partial p}{\partial x_\mu} = 0$$

如果将这个方程乘以 $u_\mu\left(=\dfrac{\mathrm{d}x_\mu}{\mathrm{d}\tau}\right)$ 并按 μ 求和,则利用(40),就得

$$-\frac{\partial(\sigma u_\nu)}{\partial x_\nu}+\frac{\mathrm{d}p}{\mathrm{d}\tau}=0 \tag{52}$$

其中已经使 $\dfrac{\partial p}{\partial x_\mu}\dfrac{\mathrm{d}x_\mu}{\mathrm{d}\tau}=\dfrac{\mathrm{d}p}{\mathrm{d}\tau}$。这就是连续性方程,它和经典力学里的连续性方程相差 $\dfrac{\mathrm{d}p}{\mathrm{d}\tau}$ 一项,这一项实际上小得趋近于零。遵守(52),就知守恒原理具有形式

$$\sigma\,\frac{\mathrm{d}u_\mu}{\mathrm{d}\tau}+u_\mu\,\frac{\mathrm{d}p}{\mathrm{d}\tau}+\frac{\partial p}{\partial x_\mu}=0 \tag{53}$$

关于前三个指标的方程显然相当于欧拉方程。方程(52)与(53)在初级近似上相当于经典力学里的流体动力学方程,这事实进一步证实推广的能量原理。物质的(或能量的)密度具有张量特性(说得明确些,它构成对称张量)。

阿尔伯特·爱因斯坦(5岁)和他的妹妹玛雅(3岁)1884年。

第 三 章

广义相对论

The General Theory of Relativity

　　爱因斯坦从惯性质量等于引力质量这一事实想到：如果在一个（空间范围很小的）引力场里，我们不是引进一个惯性系，而是引进一个相对于它做加速运动的参照系，那么事物就会像在没有引力的空间里那样行动，这就是所谓的等效原理。爱因斯坦进而把相对性原理推广到加速系，这就是所谓的广义相对性原理。

　　所有前面的考虑都基于如下的假设：所有惯性系对于描述物理现象都是等效的，而且为了规定自然界的定律，则宁愿选取这类的系而不用处于别的运动状态下的参照空间。按照我们前面的考虑，不论是就可觉察的物体或是在运动的概念上，都想不到为什么要偏爱一定类型的运动状态而不取所有别的运动状态的原因；相反地，必须认为这是时空连续区域的一种独立的性质。特别是惯性原理，它好像迫使我们将物理上的客观性质归之于时空连续区域，就像 tempus est absolutum（时间是绝对的）与 spatium est absolutum（空间是绝对的）这两个说法，在牛顿的观点上是一致的一样，我们从狭义相对论的观点就必须说 continuum spatii et temporis est absolutum（时空连续区域是绝对的）。后面这句话里的 absolutum（绝对的）不仅意味着"物理上真实的"，并且还意味着"在其物理性质上是独立的，具有物理效应，但本身不受物理条件的影响"。

　　只要将惯性原理当作物理学的奠基石，这种观点当然是唯一被认为合理的观点，然而对于通常的概念有两项严重的指摘。第一，设想一件本身起作用而不能承受作用的事物（时空连续区域）是违反科学上的思考方式的。这就是使得 E.马赫试图在力学体系里排除以空间为主动原因的理由。按照他的说法，质点不是相对于空间，而是相对于宇宙间所有其他质量的中心作无加速的运动；这样便使力学现象的一系列原因封闭起来，和牛顿与伽利略的力学是不同的。为了在媒递作用的现代理论范围内发展这个观念，必须把决定惯性的时空连续区域的性质当作空间的场的性质，有些类似于电磁场。经典力学的概念无从提供作这种表示的方法。因为马赫解决这个问题的企图一时是失败了。今后我们还要回到这个论点。第二，经典力学显露了一个

◀ 爱因斯坦（坐在左边）1896 年与阿劳州立学校的同学合影。

缺点,这个缺点直接要求将相对性原理推广到互相不作匀速运动的参照空间。力学里两个物体的质量之比有两种彼此根本不同的定义方式:第一种,作为同一动力给它们的加速度的反比(惯性质量),第二种,作为同一引力场里作用在它们上面的力的比(引力质量)。定义下得这样不同的两种质量的相等是经过高度准确的实验(厄缶的实验)所肯定了的事实,而经典力学对于这种相等没有提供解释。但是显然只有在将这个数值上的相等化为这两种概念在真实性质上的相等之后,才能在科学上充分证实我们规定这样数值上的相等是合理的。

根据以下的考虑可以知道推广相对性原理可能实际上达到这个目的。稍加思考就会表明惯性质量和引力质量相等的定律相当于引力场给物体的加速度和物体的性质无关的说法。因为将引力场里的牛顿运动方程用文字全写出来,就是

(惯性质量)·(加速度)=(引力场强度)·(引力质量)。

只有当惯性质量和引力质量数值上相等时,加速度才与物体的性质无关。现在设 K 为惯性系。于是对于 K,彼此间足够遥远并和其他物体足够遥远的质量是没有加速度的。再就对于 K 有匀加速度的坐标系 K' 来考究这些质量。相对于 K',所有的质量都有相等而平行的加速度;它们对于 K' 的行动就好像存在着引力场而 K' 没有加速度一样。暂且不管这种引力场的"原因"问题,把它放在以后来研究,那么就没有什么阻止我们设想这个引力场是真实的,就是说,我们可以认为 K' "静止"而引力场存在的观念和只有 K 是"可容许的"坐标系而引力场不存在的观念是等效的。坐标系 K 和 K' 在物理上完全等效的假设称为"等效原理";这个原理与惯性质量和引力质量之间的相等定律显然有着密切联系,它意味着将相对性原理推广到彼此相对做非匀速运动的坐标系。事实上我们通过这个观点,使惯性与万有引力的性质归于统一。因为按照我们的看法,同样的一些质量可以表现为仅仅在惯性作用之下(对于 K),又可以表现为在惯性和万有引力的双重作用之下(对于 K')。利用了惯性和

万有引力两者性质的统一，便使得它们在数值上相等的解释成为可能，我深信这种可能性使广义相对论具有远超过经典力学概念的优越性；要是和这个进步相比较，就必须认为一切遭遇到的困难都是微小的。

根据实验，惯性系驾乎所有其他坐标系之上的优越地位像是肯定地建立了的，我们有什么理由取消这种优越地位呢？惯性原理的弱点在于它含有循环的论证：如果一个质量离其他物体足够遥远，它就作没有加速度的运动；而我们却又只根据它运动时没有加速度的事实才知道它离其他物体足够遥远。对于时空连续区域里非常广大的部分，乃至对于整个宇宙，究竟有没有任何惯性系呢？只要忽略太阳与行星所引起的摄动，则可以在很高的近似程度上认为惯性原理对于太阳系的空间是成立的。说得更确切些，存在着有限的区域，在这些区域里，质点对于适当选取的参照空间会自由地作没有加速度的运动，并且前面获得的狭义相对论里的定律，在这些区域里的成立都是异常准确的。这样的区域称为"伽利略区域"。让我们从把这种区域作为具有已知性质的特殊情况出发来进行研究。

等效原理要求在涉及伽利略区域时，同样可以利用非惯性系，即相对于惯性系来说，免不了加速度和转动的系。如果还要进一步完全避免关于某些坐标系具有优越地位的客观理由的麻烦问题，则必须容许采用任意运动的坐标系。只要认真做这方面的尝试，就立刻会和由狭义相对论所导致的空间与时间的物理解说发生冲突。因为设有坐标系 K'，其 z' 轴和 K 的 z 轴相重合，并以匀角速度绕 z 轴转动。相对于 K' 为静止的刚体的形状是否符合欧几里得几何学的定律呢？由于 K' 不是惯性系，所以对于 K'，我们并不能直接知道刚体形状的定律和普遍的自然界定律。可是我们对于惯性系 K 却知道这些定律，所以还能推断出它们对于 K' 的形状。设想在 K' 的 $x'y'$ 平面内以原点为心作一个圆和这个圆的一条直径。再设想给了许多彼此相等的刚杆。假设将它们一连串地放在圆周和直径上，相对于 K' 为静止。设 U 是沿圆周的杆子数目，D 是沿直径的数目，

那么，如果 K' 相对于 K 不作转动，就会有

$$\frac{U}{D} = \pi.$$

但是如果 K' 作转动，就会得到不同的结果。设在 K 的一个确定时刻 t，测定所有各杆的端点。对于 K，所有圆周上的杆子有洛伦兹收缩，然而直径上的杆子（沿着它们的长度）却没有这种收缩。[①] 所以推知

$$\frac{U}{D} > \pi.$$

因此推断对于 K'，刚体位形的定律并不符合遵守欧几里得几何学的刚体位形定律。再进一步，如果有两只同样的时计（随 K' 转动），一只放在圆周上，另一只放在圆心，则从 K 作判断，圆周上的时计要比圆心上的时计走得慢些。如果不用一种全然不自然的办法来对于 K' 下时间的定义（就是说，如此下定义，使得对于 K' 的定律明显地依赖于时间），则按 K' 判断，必然发生同样的事情。所以不能像在狭义相对论里对于惯性系那样对于 K' 下空间与时间的定义。但是按照等效原理，可以将 K' 当作静止的系，对于这个系有引力场（离心力与科里奥利力的场）。因此得到这样的结果：引力场影响乃至决定时空连续区域的度规定律。如果要将理想刚体的位形定律作几何表示，则当引力场存在时，几何学就不是欧几里得几何学。

我们所考虑的情况类似于曲面的二维描述中存在的情况。在后面这种情况下也不可能在曲面（例如椭球面）上引用具有简单度规意义的坐标，而在平面上，笛卡儿坐标 x_1,x_2 直接表示用单位量杆测得的长度。在高斯的曲面论里，他引用曲线坐标来克服这个困难。这种坐标除了满足连续性条件之外，是完全任意的；只有在后来才将这种坐标和曲面的度规性质联系起来。我们将以类似的办法在广义相对论里引用任意坐标 x_1,x_2,x_3，

[①] 这些考虑假定了杆子与时计的性质只依赖于速度，而和加速度无关，或至少加速度的影响并不抵挡速度的影响。

x_4。这些坐标会将各个时空点标以唯一的一组数，使相邻事件和相邻的坐标值相联系；在别的方面，坐标是随意选择的。如果给予定律以一种形式，使得这些定律在每个这样的四维坐标系里都能适用，就是说，如果表示定律的方程对于任意变换是协变的，则我们就在最广泛的意义上忠实于相对性原理了。

高斯的曲面论与广义相对论间最重要的接触点就在于度规性质，这些性质是建立两种理论的概念的主要基础。在曲面论里，高斯有如下的论点。无限接近的两点间的距离 ds 的概念可以作为平面几何学的基础。这个距离概念是有物理意义的，因为这个距离可以用刚性量杆直接量度。适当地选择笛卡儿坐标就可用公式 $ds^2 = dx_1^2 + dx_2^2$ 表示这个距离。根据这个量可以得到作为短程线($\delta \int ds = 0$)的直线，间隔，圆，角等欧几里得平面几何学所由建立的这些概念。如果顾到在相对无限小量的程度上，另一连续曲面的一个无限小部分可以当作平面，则在这样的曲面上可以建立一种几何学。在曲面的这样微小的部分上有笛卡儿坐标 X_1, X_2，而

$$ds^2 = dX_1^2 + dX_2^2$$

给定两点间用量杆测定的距离。如果在曲面上引用任意的曲线坐标 x_1, x_2，则可用 dx_1, dx_2 线性地表示 dX_1, dX_2。于是曲面上各处都有

$$ds^2 = g_{11} dx_1^2 + 2g_{12} dx_1 dx_2 + g_{22} dx_2^2$$

其中 g_{11}, g_{12}, g_{22} 决定于曲面的性质与坐标的选择；如果知道这些量，就也知道可以怎样在曲面上布置刚性量杆的网络。换句话说，曲面几何学可用 ds^2 的这个表示式为基础，正像平面几何学以相应的表示式为基础一样。

在物理学的四维时空连续区域里有类似的关系。设观察者在引力场中自由降落，则他的贴近邻域里不存在引力场。因此总能够将时空连续区域的一个无限小区域当作伽利略区域。对于这样的无限小区域，会存在一个惯性系(有空间坐标 X_1, X_2, X_3 与时间坐标 X_4)；相对于这个惯性系，我们认为狭义相对论的定

律是有效的。倘若我们所用的量杆放在一道迭合起来便彼此相等,所用的时计放在一处便走得快慢一样,则对于两个邻近的事件(四维连续区域里的点),可以用单位量杆与时计直接测定的量

$$\mathrm{d}X_1^2 + \mathrm{d}X_2^2 + \mathrm{d}X_3^2 - \mathrm{d}X_4^2$$

或其负值

$$\mathrm{d}s^2 = -\mathrm{d}X_1^2 - \mathrm{d}X_2^2 - \mathrm{d}X_3^2 + \mathrm{d}X_4^2 \tag{54}$$

便是唯一确定的不变量。在此有一个物理假设是主要的,就是两根量杆的相对长度和两只时计的相对快慢在原则上和它们以往的经历无关。但是这个假设当然肯定是由经验所保证了的。如果这个假设不成立,就不会有明晰的光谱线:因为同一元素的各个原子当然不会有相同的经历,并且因为——根据各个原子因经历不同而相异的假设——要设想这些原子的质量或原频率总彼此相等将是荒谬的。

有限范围的时空区域一般不是伽利略区域,因而在有限区域里无论怎样选择坐标都不能除去引力场。所以没有坐标的选择使狭义相对论的度规关系能在有限区域里成立。但是对于连续区域的两个邻近点(事件),不变量 ds 总是存在的。这个不变量 ds 可以用任意坐标表示。如果顾到局部的 $\mathrm{d}X_v$ 可以线性地用坐标微分 $\mathrm{d}x_v$ 表示,$\mathrm{d}s^2$ 就可表示成形式

$$\mathrm{d}s^2 = g_{\mu\nu}\mathrm{d}x_\mu\mathrm{d}x_\nu \tag{55}$$

对于随意选择的坐标系,函数 $g_{\mu\nu}$ 描述着时空连续区域的度规关系以及引力场。像在狭义相对论里一样,应当区别四维连续区域里的类时线素与类空线素;由于引入了符号的改变,类时线素具有实值的 ds,类空线素具有虚值的 ds。用适当选取的时计能直接量度类时的 ds。

如上所述,规定广义相对论的表示式显然需要推广不变量论与张量理论;提出的问题是什么形式的方程对于任意的点变换是协变的。数学家远在相对论之前就已发展了推广的张量。黎曼首先将高斯的思路扩展到任何维数的连续区域;他预见到欧几里得几何学的这种推广的物理意义。接着,特别是里契与利威·契

韦塔,以张量的形式在理论上有所发展。在这里对于这种张量最重要的数学概念与运算作一简单的陈述,正是适当的地方。

设对于每个坐标系,有四个定义为 x_ν 的函数的量,如果它们在改变坐标时像坐标微分 dx_ν 一样作变换,便称为一个反变矢量的分量 A^ν。因此有

$$A^{\mu'} = \frac{\partial x'_\mu}{\partial x_\nu} A^\nu \qquad (56)$$

除了这些反变矢量之外,还有协变矢量。如果 B_ν 是一个协变矢量的分量,这类矢量就按规则

$$B'_\mu = \frac{\partial x_\nu}{\partial x'_\mu} B^\nu \qquad (57)$$

变换。协变矢量定义的选择使得协变矢量与反变矢量合起来按公式

$$\phi = B_\nu A^\nu \quad (\text{对 } \nu \text{ 求和})$$

形成标量。因为有

$$B'_\mu A^{\mu'} = \frac{\partial x_\alpha}{\partial x'_\mu} \frac{\partial x'_\mu}{\partial x_\beta} B_\alpha A^\beta = B_\alpha A^\alpha$$

举一个特例,标量 ϕ 的导数 $\frac{\partial \phi}{\partial x_\alpha}$ 是协变矢量的分量,它们和坐标微分一道形成标量 $\frac{\partial \phi}{\partial x_\alpha} dx_\alpha$;从这个例子可以看出协变矢量的定义多么自然。

还有任何秩数的张量,它们对于每个指标可以有协变或反变特性;和矢量一样,这种特性是由指标的位置来指明的。例如 A_μ^ν 表示二秩张量,它对于指标 μ 是协变的,对于指标 ν 是反变的。这样的张量特性表明变换方程是

$$A_\mu^{\nu'} = \frac{\partial x_\alpha}{\partial x'_\mu} \frac{\partial x'_\mu}{\partial x_\beta} A_\alpha^\beta \qquad (58)$$

秩数与特性相同的张量相加减可以形成张量,就像在正交线性代换的不变量理论里一样;例如

$$A_\mu^\nu + B_\mu^\nu = C_\mu^\nu \qquad (59)$$

C_μ^ν 的张量特性可由(58)得到证明。

可用乘法形成张量，保持指标的特性，正像在线性正交变换的不变量理论里一样；例如

$$A_\mu^\nu B_{\sigma\tau} = C_{\mu\sigma\tau}^\nu \qquad (60)$$

由变换规则可直接获得证明。

对于特性不同的两个指标进行降秩，可以形成张量，例如

$$A_{\mu\sigma\tau}^\mu = B_{\sigma\tau} \qquad (61)$$

$A_{\mu\sigma\tau}^\mu$ 的张量特性决定了 $B_{\sigma\tau}$ 的张量特性。证明：

$$A_{\mu\sigma\tau}^{\mu'} = \frac{\partial x_a}{\partial x_\mu'} \frac{\partial x_\beta'}{\partial x_\beta} \frac{\partial x_s}{\partial x_\sigma'} \frac{\partial x_t}{\partial x_\tau'} A_{ast}^\beta = \frac{\partial x_s}{\partial x_\sigma'} \frac{\partial x_t}{\partial x_\tau'} A_{ast}^\alpha$$

张量对于两个特性相同的指标的对称与反称性质有着和狭义相对论里同样的意义。

到此，关于张量的代数性质的一切基本内容都叙述过了。

基本张量　根据 $\mathrm{d}s^2$ 对于 $\mathrm{d}x_\nu$ 的随意选择的不变性并联系到符合(55)的对称条件，可知 $g_{\mu\nu}$ 是对称协变张量（基本张量）的分量。形成 $g_{\mu\nu}$ 的行列式 g；再形成相应于各个 $g_{\mu\nu}$ 的余因子，除以 g。以 $g^{\mu\nu}$ 表示这些余因子除以 g 所得的商；不过暂且还不知道它们的变换特性。于是有

$$g_{\mu a} g^{\mu\beta} = \delta_\alpha^\beta = \begin{cases} 1, \text{如果 } \alpha = \beta \\ 0, \text{如果 } \alpha \neq \beta \end{cases} \qquad (62)$$

如果形成无限小量（协变矢量）

$$\mathrm{d}\xi_\mu = g_{\mu a} \mathrm{d}x_a \qquad (63)$$

乘以 $g^{\mu\beta}$ 并按 μ 求和，利用(62)，得到

$$\mathrm{d}x_\beta = g^{\beta\mu} \mathrm{d}\xi_\mu \qquad (64)$$

因为这些 $\mathrm{d}\xi_\mu$ 之比是任意的，而 $\mathrm{d}x_\beta$ 以及 $\mathrm{d}\xi_\mu$ 都是矢量的分量，就推知 $g^{\mu\nu}$ 是反变张量（反变基本张量）的分量。[①] 于是由(62)得

---

①　如果将(64)乘以 $\dfrac{\partial x_a'}{\partial x_\beta}$，按 β 求和，并由转到有撇号坐标系的变换来代替 $\mathrm{d}\xi_\mu$，便得到

$$\mathrm{d}x_a' = \frac{\partial x_\sigma'}{\partial x_\mu} \frac{\partial x_a}{\partial x_\beta} g^{\mu}\beta \mathrm{d}\xi_\sigma'.$$

由此获得上面的陈述，因为由(64)，必须还有 $\mathrm{d}x_a' = g^{\sigma a'} \mathrm{d}\xi_\sigma'$，而两个方程对于 $\mathrm{d}\xi_\sigma'$ 的每个选择都必须成立。

到 δ_α^β（混合基本张量）的张量特性。用基本张量以代替具有协变指标特性的张量,就能引入具有反变指标特性的张量,反之亦然。例如

$$A^\mu = g^{\mu\alpha}A_\alpha$$

$$A_\mu = g_{\mu\alpha}A^\alpha$$

$$T_\mu^\sigma = g^{\sigma\nu}T_{\mu\nu}$$

体积不变量 体积元素

$$\int dx_1 dx_2 dx_3 dx_4 = dx$$

不是不变量。因为根据雅可比定理,

$$dx' = \left| \frac{dx_\mu'}{dx_\nu} \right| dx \tag{65}$$

但是能将 dx 加以补充,使它成为不变量。如果形成量

$$g_{\mu\nu}' = \frac{\partial x_\alpha}{\partial x_\mu'} \frac{\partial x_\beta}{\partial x_\nu'} g\alpha\beta$$

的行列式,两次应用行列式的乘法定理,便有

$$g' = |g_{\mu\nu}'| = \left| \frac{\partial x_\nu}{\partial x_\mu'} \right|^2 \cdot |g_{\mu\nu}| = \left| \frac{\partial x_\mu'}{\partial x_\nu} \right|^{-2} g$$

因为获得不变量

$$\sqrt{g'}\, dx' = \sqrt{g}\, dx \tag{66}$$

由微分法形成张量 虽然曾经证明由代数运算形成张量就像在对于线性正交变换的不变性的特殊情况下一样简单,可是不幸在普遍的情况下,不变的微分运算却要复杂得多。其理由如下。设 A^μ 是反变矢量,只有在变换是线性变换的情况下,它的变换系数 $\frac{\partial x_\mu'}{\partial x_\nu}$ 才和位置无关。那么在邻近点的矢量分量 $A^\mu + \frac{\partial A^\mu}{\partial x_\alpha} dx_\alpha$ 变换得

和 A^μ 一样,从而推断出矢量微分的矢量特性与 $\frac{\partial A^\mu}{\partial x_\alpha}$ 的张量特性。

但是如果 $\frac{\partial x_\mu'}{\partial x_\nu}$ 是变化的,这一论点就不再成立了。

可是通过利威·契韦塔与外尔提出的下述途径,可以充分满意地认识到对于张量的不变微分运算在普遍情况下是存在

的。设 (A^μ) 是反变矢量,给定它对于坐标系 x_ν 的分量。设 P_1 与 P_2 是连续区域内相距无限小的两点。按照我们考虑问题的途径,对于围绕 P_1 的无限小区域,存在有坐标系 X_ν(合有虚值的 X_4 坐标);对于这个坐标系,连续区域是欧几里得连续区域。设 $A^\mu_{(1)}$ 是矢量在 P_1 点的坐标。设想采用 X_ν 的局部坐标系,在 P_2 点作一具有同样坐标的矢量(通过 P_2 的平行矢量),则这个平行矢量为在 P_1 的矢量与位移所唯一决定。这个操作称为矢量 (A^μ) 从 P_1 到相距无限接近的点 P_2 的平行位移,其唯一性将见诸下文。如果形成在 P_2 点的矢量 (A^μ) 和从 P_1 到 P_2 作平行位移所获得的矢量的矢量差,便得到一个矢量,这个矢量可以当作矢量 (A^μ) 对于既定位移 $(\mathrm{d}x_\nu)$ 的微分。

自然也能对于坐标系 x_ν 来考虑这个矢量位移。设 A^ν 是矢量在 P_1 的坐标,$A^\nu + \delta A^\nu$ 是矢量沿间隔 $(\mathrm{d}x_\nu)$ 移动到 P_2 的坐标,于是在这个情况下,δA^ν 便不化为零。对于这些没有矢量特性的量,我们知道它们必定线性且齐性地依赖于 $\mathrm{d}x_\nu$ 与 A^ν。因此令

$$\delta A^\nu = -\Gamma^\nu_{\alpha\beta} A^\alpha \mathrm{d}x_\beta \qquad (67)$$

此外,可以说 $\Gamma^\nu_{\alpha\beta}$ 对于指标 α 与 β 必定是对称的。因为根据借助于欧几里得局部坐标系的表示,可以假定元素 $\mathrm{d}^{(1)}x_\nu$ 沿另一元素 $\mathrm{d}^{(2)}x_\nu$ 的位移和 $\mathrm{d}^{(2)}x_\nu$ 沿 $\mathrm{d}^{(1)}x_\nu$ 的位移会画出同一平行四边形。所以必须有

$$\mathrm{d}^{(2)}x_\nu + (\mathrm{d}^{(1)}x_\nu - \Gamma^\nu_{\alpha\beta}\mathrm{d}^{(1)}xa\,\mathrm{d}^{(2)}x\beta)$$
$$= \mathrm{d}^{(1)}x_\nu + (\mathrm{d}^{(2)}x_\nu - \Gamma^\nu_{\alpha\beta}\mathrm{d}^{(2)}xa\,\mathrm{d}^{(1)}x\beta)$$

互换右边的求和指标 α 与 β 之后,便由此推得上面所作的陈述。

因为 $g_{\mu\nu}$ 这些量决定连续区域的所有度规性质,所以它们必然也决定着 $\Gamma^\nu_{\alpha\beta}$,如考虑矢量 A^ν 的不变量,即其大小的平方

$$g_{\mu\nu} A^\mu A^\nu$$

它是不变量,则这在平行位移中不能改变。因此有

$$0 = \delta(g_{\mu\nu}A^\mu A^\nu) = \frac{\partial g_{\mu\nu}}{\partial x_\alpha}A^\mu A^\nu \mathrm{d}x_\alpha + g_{\mu\nu}A^\mu \delta A^\nu + g_{\mu\nu}A^\nu \delta A^\mu$$

或，由（67），

$$\left(\frac{\partial g_{\mu\nu}}{\partial x_{\alpha}} - g_{\mu\beta}\Gamma^{\beta}_{\nu\alpha} - g_{\nu\beta}\Gamma^{\beta}_{\nu\alpha}\right)A^{\mu}A^{\nu}\mathrm{d}x_{\alpha} = 0$$

因为括弧里的式子对于指标 μ 与 ν 是对称的，所以只有当这式子对于指标的所有组合都会化为零时，这个方程对于矢量 (A^{μ}) 与 $\mathrm{d}x_{\nu}$ 的随意选择才能成立。于是由指标 μ, ν, α 的轮换共获得三个方程。照顾到 $\Gamma^{\alpha}_{\mu\nu}$ 的对称性质，便能从这些方程得到

$$\begin{bmatrix} \mu\nu \\ \alpha \end{bmatrix} = g_{\alpha\beta}\Gamma^{\beta}_{\mu\nu} \tag{68}$$

其中，依照克里斯托菲，采用了简写法

$$\begin{bmatrix} \mu\nu \\ \alpha \end{bmatrix} = \frac{1}{2}\left(\frac{\partial g_{\mu\alpha}}{\partial x_{\nu}} + \frac{\partial g_{\nu\alpha}}{\partial x_{\mu}} - \frac{\partial g_{\mu\nu}}{\partial x_{\alpha}}\right) \tag{69}$$

如果将（68）乘以 $g^{\alpha\sigma}$ 再按 α 求和，便有

$$\Gamma^{\sigma}_{\mu\nu} = \frac{1}{2}g^{\sigma\alpha}\left(\frac{\partial g_{\mu\alpha}}{\partial x_{\nu}} + \frac{\partial g_{\nu\alpha}}{\partial x_{\mu}} - \frac{\partial g_{\mu\nu}}{\partial x_{\alpha}}\right) = \begin{Bmatrix} \mu\nu \\ \sigma \end{Bmatrix} \tag{70}$$

其中 $\begin{Bmatrix} \mu\nu \\ \sigma \end{Bmatrix}$ 是第二种克里斯托菲记号。这样就从 $g_{\mu\nu}$ 导出了量 Γ。方程（67）与（70）是下面讨论的基础。

张量的协变微分法　设 $(A^{\mu}+\delta A^{\mu})$ 是从 P_1 到 P_2 作无限小位移所获得的矢量，而 $(A^{\mu}+\mathrm{d}A^{\mu})$ 是在 P_2 点的矢量 A^{μ}，则两者之差

$$\mathrm{d}A^{\mu} - \delta A^{\mu} = \left(\frac{\partial A^{\mu}}{\partial x_{\sigma}} + \Gamma^{\mu}_{\sigma\alpha}A^{\alpha}\right)\mathrm{d}x_{\sigma}$$

也是矢量。因为对于 $\mathrm{d}x_{\sigma}$ 的随意选择都是如此，就推知

$$A^{\mu}_{;\sigma} = \frac{\partial A^{\mu}}{\partial x_{\sigma}} + \Gamma^{\mu}_{\sigma\alpha}A^{\alpha} \tag{71}$$

是张量，称为一秩张量（矢量）的协变导数。将这个张量降秩，就得到反变张量 A^{μ} 的散度。在这里必须观察到：按照（70），

$$\Gamma^{\sigma}_{\mu\sigma} = \frac{1}{2}g^{\sigma\alpha}\frac{\partial g_{\sigma\alpha}}{\partial x_{\mu}} = \frac{1}{\sqrt{g}}\frac{\partial\sqrt{g}}{\partial x_{\mu}} \tag{72}$$

如果再令

$$A^\mu \sqrt{g} = \mathfrak{U}^\mu \qquad (73)$$

外尔称这个量为一秩反变张量密度[①],则推知

$$\mathfrak{U} = \frac{\partial \mathfrak{U}^\mu}{\partial x_\mu} \qquad (74)$$

是标量密度。

由于规定在实现平行位移时,标量

$$\phi = A^\mu B_\mu$$

保持不改变,因而对于指定给(A^μ)的每个值,

$$A^\mu \delta B_\mu + B_\mu \delta A^\mu$$

总是化为零,就得到关于协变矢量 B_μ 的平行位移的定律。于是有

$$\delta B_\mu = \Gamma^\alpha_{\mu\sigma} A_\alpha \, \mathrm{d}x_\alpha \qquad (75)$$

按照引到(71)的同样程序,便由此获得协变矢量的协变导数

$$B_{\mu;\sigma} = \frac{\partial B_\mu}{\partial x_\sigma} - \Gamma^\alpha_{\mu\sigma} B_\alpha \qquad (76)$$

互换指标 μ 与 σ,相减,便得到反称张量

$$\phi_{\mu\sigma} = \frac{\partial B_\mu}{\partial x_\sigma} - \frac{\partial B_\sigma}{\partial x_\mu} \qquad (77)$$

对于二秩与高秩张量的协变微分法,可以使用推求(75)的程序。例如,设$(A_{\sigma\tau})$为二秩协变张量。如果 E 与 F 是矢量,则 $A_{\sigma\tau} E^\sigma F^\tau$ 是标量。通过 δ 位移,这个式子必然不改变;将此表示成公式,应用(67),便求得 $\delta A_{\sigma\tau}$,由此得到所需的协变导数

$$A_{\sigma\tau;\rho} = \frac{\partial A_{\sigma\tau}}{\partial x_\rho} - \Gamma^\alpha_{\sigma\rho} A_{\alpha\tau} - \Gamma^\alpha_{\tau\rho} A_{\sigma\alpha} \qquad (78)$$

为了能够清晰地看到张量的协变微分法的普遍规律,现在写出用类似方法推得的两个协变导数:

$$A^\tau_{\sigma;\rho} = \frac{\partial A^\tau_\sigma}{\partial x_\rho} - \Gamma^\alpha_{\sigma\rho} A^\tau_\alpha + \Gamma^\tau_{\alpha\rho} A^\alpha_\sigma \qquad (79)$$

---

① 由于 $A^\mu \sqrt{g} \, \mathrm{d}x = \mathfrak{U}^\mu \, \mathrm{d}x$ 有张量特性,因此这样的称谓是合理的:每个张量,乘以 $\sqrt{g}$ 之后,就变为张量密度。我们用大写歌德体字母表示张量密度。

$$A^{\sigma\tau}_{;\rho} = \frac{\partial A^{\sigma\tau}}{\partial x_\rho} + \Gamma^\sigma_{\alpha\rho} A^{\alpha\tau} + \Gamma^\tau_{\alpha\rho} A^{\sigma\alpha} \tag{80}$$

于是形成的普遍规律就很明显了。现在要从这些公式推导另一些对于理论的物理应用有关系的公式。

在 $A_{\sigma\tau}$ 是反称张量的情况下，用轮换与加法，得到张量

$$A_{\sigma\tau\rho} = \frac{\partial A_{\sigma\tau}}{\partial x_\rho} + \frac{\partial A_{\tau\rho}}{\partial x_\sigma} + \frac{\partial A_{\rho\sigma}}{\partial x_\tau} \tag{81}$$

它对于每对指标都是反称的。

如果在（78）里以基本张量 $g_{\sigma\tau}$ 代替 $A_{\sigma\tau}$，则右边恒等于零；关于 $g^{\sigma\tau}$，类似的陈述对于（80）也成立；就是说，基本张量的协变导数化为零。在局部坐标系里可以直接看到这是必须如此的。

设 $A^{\sigma\tau}$ 是反称的，由（80），按 τ 与 ρ 降秩，就得到

$$\mathfrak{A}^\sigma = \frac{\partial \mathfrak{A}^{\sigma\tau}}{\partial x_\tau} \tag{82}$$

在普遍的情况下，由（79）与（80），按 τ 与 ρ 降秩，便有方程

$$\mathfrak{A}_\sigma = \frac{\partial \mathfrak{A}^\alpha_\sigma}{\partial x_\alpha} - \Gamma^\alpha_{\sigma\beta}\mathfrak{A}^\beta_\alpha \tag{83}$$

$$\mathfrak{A}^\sigma = \frac{\partial \mathfrak{A}^{\sigma\alpha}}{\partial x_\alpha} + \Gamma^\sigma_{\alpha\beta}\mathfrak{A}^{\alpha\beta} \tag{84}$$

黎曼张量　如果给定一条由连续区域的 P 点伸达 G 点的曲线，则通过平行位移，可将给定在 P 的矢量 A^μ 沿曲线移动到 G（图 4）。如果是欧几里得连续区域（更普遍地说，如果通过坐标的适当选择，$g_{\mu\nu}$ 都是恒量），则作为位移结果而在 G 所得的矢量和连接 P 与 G 的曲线选择

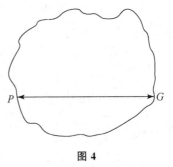

图 4

无关。否则，其结果将有赖于位移的途径。所以在这种情况下，当矢量由闭合曲线的 P 点沿曲线移动而返抵 P 时，会有变化（在它的方向上而不是大小上）ΔA^μ，现在计算这个矢量变化：

$$\Delta A^{\mu} = \oint \delta A^{\mu}$$

就像在关于矢量环绕闭合曲线的线积分的斯托克斯定理里一样,这个问题可以化作环绕线度为无限小的闭合曲线的积分法;我们将局限于这个情况。

首先由(67),有

$$\Delta A^{\mu} = -\oint \Gamma^{\mu}_{\alpha\beta} A^{\alpha} \, \mathrm{d}x_{\beta}$$

在此,$\Gamma^{\mu}_{\alpha\beta}$ 是这个量在积分途径上变动点 G 的值。如果令

$$\xi^{\mu} = (x_{\mu})_G - (x_{\mu})_P$$

并以 $\overline{\Gamma^{\mu}_{\alpha\beta}}$ 表示 $\Gamma^{\mu}_{\alpha\beta}$ 在 P 的值,则足够精确地,有

$$\Gamma^{\mu}_{\alpha\beta} = \overline{\Gamma^{\mu}_{\alpha\beta}} + \overline{\frac{\partial \Gamma^{\mu}_{\alpha\beta}}{\partial x_{\nu}}} \xi^{\nu}$$

再设 A^{α} 为由 $\overline{A^{\alpha}}$ 通过沿曲线从 P 到 G 的平行位移而获得的值。现在利用(67),容易证明 $A^{\mu} - \overline{A^{\mu}}$ 是一阶无限小量,而对于具有一阶无限小线度的曲线,ΔA^{μ} 是二阶无限小量。因此倘若令

$$A^{\alpha} = \overline{A^{\alpha}} - \overline{\Gamma^{\alpha}_{\sigma\tau} A^{\sigma} \xi^{\tau}}$$

只会有二阶的误差。

如果将 $\overline{\Gamma^{\mu}_{\alpha\beta}}$ 与 A^{α} 的这些值引入积分,不计所有高于二阶的量,就得到

$$\Delta A^{\mu} = -\left(\frac{\partial \Gamma^{\mu}_{\sigma\beta}}{\partial x_{\alpha}} - \Gamma^{\mu}_{\rho\beta} \Gamma^{\rho}_{\sigma\alpha} \right) A^{\sigma} \oint \xi^{\alpha} \, \mathrm{d}\xi^{\beta} \qquad (85)$$

由积分号下移出来的是关于 P 的量。从被积函数里减去 $\frac{1}{2} \mathrm{d}(\xi^{\alpha}\xi^{\beta})$,便有

$$\frac{1}{2} \oint (\xi^{\alpha} \, \mathrm{d}\xi^{\beta} - \xi^{\beta} \, \mathrm{d}\xi^{\alpha})$$

这个二秩反称张量 $f^{\alpha\beta}$ 表示曲线所围绕的面元素在大小与位置上的特性。如果(85)的括弧里的式子对于指标 α 与 β 是反称的,便可由(85)判断它的张量特性。通过互换(85)里的求和指标 α 与 β,并将获得的方程与(85)相加,就能达成这个目的。我们求得

$$2\Delta A^{\mu} = -R^{\mu}_{\sigma\alpha\beta}A^{\sigma}f^{\alpha\beta} \tag{86}$$

其中

$$R^{\mu}_{\sigma\alpha\beta} = -\frac{\partial\Gamma^{\mu}_{\sigma\alpha}}{\partial x_{\beta}} + \frac{\partial\Gamma^{\mu}_{\sigma\beta}}{\partial x_{\alpha}} + \Gamma^{\mu}_{\rho\alpha}\Gamma^{\rho}_{\sigma\beta} - \Gamma^{\mu}_{\rho\beta}\Gamma^{\rho}_{\sigma\alpha} \tag{87}$$

由(86)推知 $R^{\mu}_{\sigma\alpha\beta}$ 的张量特性；这是四秩黎曼曲率张量，我们不需研究其对称性质。它等于零是连续区域为欧几里得连续区域的充分条件（不管所取坐标的实性）。

将这个黎曼张量按指标 μ,β 降秩，就得到二秩对称张量

$$R_{\mu\nu} = -\frac{\partial\Gamma^{\alpha}_{\mu\nu}}{\partial x_{\alpha}} + \Gamma^{\alpha}_{\mu\beta}\Gamma^{\beta}_{\nu\alpha} + \frac{\partial\Gamma^{\alpha}_{\mu\alpha}}{\partial x_{\nu}} - \Gamma^{\alpha}_{\mu\nu}\Gamma^{\beta}_{\alpha\beta} \tag{88}$$

如果选择坐标系使 $g = $ 恒量，则最后两项化为零。由 $R_{\mu\nu}$ 可形成标量

$$R = g^{\mu\nu}R_{\mu\nu} \tag{89}$$

最直（短程）线　可作一曲线，作法是从各元素按平行位移作出其相继的元素。这是欧几里得几何学里直线的自然推广。对于这样的曲线，有

$$\delta\left(\frac{\mathrm{d}x_{\mu}}{\mathrm{d}s}\right) = -\Gamma^{\mu}_{\alpha\beta}\frac{\mathrm{d}x_{\alpha}}{\mathrm{d}s}\mathrm{d}x_{\beta}$$

应以 $\dfrac{\mathrm{d}^2 x_{\mu}}{\mathrm{d}s^2}$ 代替左边[①]，便得

$$\frac{\mathrm{d}^2 x_{\mu}}{\mathrm{d}s^2} + \Gamma^{\mu}_{\alpha\beta}\frac{\mathrm{d}x_{\alpha}}{\mathrm{d}s}\frac{\mathrm{d}x_{\beta}}{\mathrm{d}s} = 0 \tag{90}$$

如果寻求能使积分

$$\int \mathrm{d}s \ 或 \int \sqrt{g_{\mu\nu}\mathrm{d}x_{\mu}\mathrm{d}x_{\nu}}$$

在两点间具有逗留值的曲线（短程线），就会获得同一曲线。

---

① 通过沿线素（$\mathrm{d}x_{\beta}$）的平行位移，便从所考虑的每一点的方向矢量而求得曲线上一个邻近点的方向矢量。

爱因斯坦 14 岁时在影楼拍摄的照片，1893 年。

第 四 章

广义相对论(续)

The General Theory of Relativity (Continued)

爱因斯坦的广义相对论运用了大量的黎曼几何、张量计算、绝对微分等艰深的数学知识,充满了深邃的哲学思辨,包含着崭新的物理内容。对于爱因斯坦同时代的人来说,具有这些知识的人寥寥无几。但是,广义相对论的预言不久得到了实验验证,所以还是引起了相当大的轰动。

69-73 Fifty-eighth avenue,
Maspeth, L.I.,
New York City, N.Y., USA

Professor Einstein,
c/o Commander Oliver Locker-Lampson,
4 North Street, Westminster,
London, S.W.1, England.

Dear Professor,

I am sorry I cannot express this well enough in German.

I understand the world moves so fast it, in effect, stands
still, or so it appears to us.   Part of the time it seems
a person is standing right side up, part of the time on the
lower side he is standing on his head, upheld by the force
of gravity, and part of the time he is sticking out on the
earth at *right* angles and part of the time at left angles.

Would it be reasonable to assume that it is while a
person is standing on his head - or rather upside down -
he falls in love and does other foolish things?

Yours truly,

Frank Wall

*Sich Verlieben ist gar nicht
das Dümmste, was der Mensch
thut - die Gravitation kann
aber nicht dafür verantwortlich
gemacht werden.*

现在对于广义相对论的定律,已经有了确定表示式所必须的数学工具。在这里的陈述中不打算追求有系统的完整性,但是,将从已有知识与已获得的结果来逐步发展出单独的结果和可能性。这样的陈述最适合我们的知识在目前的暂时状祝。

按照惯性原理,不受力作用的质点沿直线做匀速运动。在狭义相对论的四维连续区域里(含有实值的时间坐标),这是一条真实的直线。在不变量的普适(黎曼几何)理论的概念体系中,直线的自然的也就是最简单的推广意义,就是最直的线或最短程线的概念。因此,就等效原则的意义而论,需要假定:只在惯性与引力的作用下,质点的运动是以方程

$$\frac{\mathrm{d}^2 x_\mu}{\mathrm{d}s^2} + \Gamma_{\alpha\beta}^\mu \frac{\mathrm{d}x_\alpha}{\mathrm{d}s} \frac{\mathrm{d}x_\beta}{\mathrm{d}s} = 0 \tag{90}$$

描述的。事实上,如果引力场的所有分量 $\Gamma_{\alpha\beta}^\mu$ 化为零,这个方程便化作了直线方程。

这些方程是如何和牛顿运动方程联系的呢?按照狭义相对论,对于惯性系(含有实值的时间坐标并适当选择 $\mathrm{d}s^2$ 的符号),$g_{\mu\nu}$ 与 $g^{\mu\nu}$ 同样具有下列的值:

$$\left.\begin{matrix} -1 & 0 & 0 & 0 \\ 0 & -1 & 0 & 0 \\ 0 & 0 & -1 & 0 \\ 0 & 0 & 0 & 1 \end{matrix}\right\} \tag{91}$$

于是运动方程成了

$$\frac{\mathrm{d}^2 x_\mu}{\mathrm{d}s^2} = 0$$

我们将称此为 $g_{\mu\nu}$ 场的"一级近似值"。像在狭义相对论里一样,考虑近似法时采用虚值的 x_4 坐标往往是有益的,因为这样

◀ 对爱因斯坦引力理论的一个非同寻常的见解。来自弗兰克·沃尔的信,其中可见 1933 年爱因斯坦起草的回复。

做时,在一级近似上,$g_{\mu\nu}$ 取下列的值:

$$\left.\begin{array}{cccc} -1 & 0 & 0 & 0 \\ 0 & -1 & 0 & 0 \\ 0 & 0 & -1 & 0 \\ 0 & 0 & 0 & -1 \end{array}\right\} \tag{91a}$$

这些值可以合写成关系式

$$g_{\mu\nu} = -\delta_{\mu\nu}$$

然后为了达到二级近似,必须令

$$g_{\mu\nu} = -\delta_{\mu\nu} + \gamma_{\mu\nu} \tag{92}$$

其中的 $\gamma_{\mu\nu}$ 应看作一阶微量。

于是运动方程的两项便都是一阶微量。如果不计相对于它们是一阶微小的各项,就须令

$$ds^2 = -dx_\nu^2 = dl^2(1-q)^2 \tag{93}$$

$$\Gamma_{\alpha\beta}^\mu = -\delta_{\mu\sigma}\begin{bmatrix}\alpha\beta\\\sigma\end{bmatrix} = -\begin{bmatrix}\alpha\beta\\\mu\end{bmatrix} = \frac{1}{2}\left(\frac{\partial\gamma_{\alpha\beta}}{\partial x_\mu} - \frac{\partial\gamma_{\alpha\mu}}{\partial x_\beta} - \frac{\partial\gamma_{\beta\mu}}{\partial x_\alpha}\right) \tag{94}$$

现在要引入第二种近似法。设质点的速度和光速相比是很微小的。那么 ds 就会和时间微分 dl 相同。其次,和 $\dfrac{dx_4}{ds}$ 相比较,$\dfrac{dx_1}{ds}, \dfrac{dx_2}{ds}, \dfrac{dx_3}{ds}$ 化为零。此外,要假定引力场随时间变化得很缓慢。以致 $\gamma_{\mu\nu}$ 对于 x_4 的导数可以不计。于是运动方程(对于 $\mu = 1,2,3$)化成了

$$\frac{d^2 x_\mu}{dl^2} = \frac{\partial}{\partial x_\mu}\left(\frac{\gamma_{44}}{2}\right) \tag{90a}$$

如果将 $\left(\dfrac{\gamma_{44}}{2}\right)$ 和引力场的势等同起来,这个方程和质点在引力场里的牛顿运动方程就相等同;这样是否容许,自然依赖于引力的场方程,就是说,要看这个量,按一级近似程度,是否像牛顿理论中的引力势一样,满足同样的场的定律。看一下(90)与(90a)就表明 $\Gamma_{\beta\alpha}^\mu$ 实际上起着引力场强度的作用。这些量没有张量特性。

方程(90)表示惯性与引力在质点上的影响。(90)的整个左边具有张量特性(对于任何坐标变换),但是这两项单独分开来却都没有张量特性;这个事实从形式上表示惯性与引力的统一。类似于牛顿方程,第一项要当作惯性的表示式,第二项当作引力的表示式。

其次,需试图寻求引力场的定律。为了这个目的,应将牛顿理论的泊松方程

$$\Delta \phi = 4\pi K_\rho$$

当作范例。这个方程是以有质物质的密度 ρ 引起引力场的观念为基础的。在广义相对论里也必须如此。然而狭义相对论的研究曾经指出需以单位体积的能量的张量代替物质的标密度。前者不仅包含有质物质的能张量,还要包含电磁能张量。现在我们已经看到:在更完整的分析里,以能张量表示物质只能当作是权宜之计。实际上物质是带电粒子组成的,其本身需当作电磁场的一部分,而事实上是主要部分。只是由于我们对于集中电荷的电磁场缺乏足够知识的情况,迫使我们在介绍理论时暂不决定这个张量的真实形式。根据这个观点,在目前适宜于引入还不知道结构的二秩张量 $T_{\mu\nu}$,让它暂且将电磁场的和有质物质的能量密度联合起来。以后将称这个张量为"物质能张量"。

按照以前的结果,动量与能量的原理是用这个张量的散度等于零的陈述(47c)来表示。在广义相对论里,将不得不假定相应的普遍协变方程是有效的。如果 $(T_{\mu\nu})$ 表示协变的物质能张量,$\mathfrak{T}_\sigma^\nu$ 表示相应的混合张量密度。则按照(83),必须要求满足

$$0 = \frac{\partial \mathfrak{T}_\sigma^\alpha}{\partial x_\alpha} - \Gamma_{\sigma\beta}^\alpha \mathfrak{T}_\alpha^\beta \tag{95}$$

必须记住:除了物质能量密度外,还必须给定引力场的能量密度,这样就不能单独论及物质的动量与能量的守恒原理。这一点以(95)里第二项的出现作为数学上的表示,这使得判断形式为(49)的积分方程的存在成为不可能。引力场将能量与动量转移给"物质",意思是说场施力于"物质"上并给它以能量;这是以(95)里的第二项来表示的。

如果在广义相对论里有类似于泊松方程的方程,则它一定是关于引力势的张量 $g_{\mu\nu}$ 的张量方程;物质能张量必然会出现在这个方程的右边。在方程的左边必定有一个由 $g_{\mu\nu}$ 表出的微分张量。需要寻求这个微分张量。它完全为下列三个条件所决定:

1. 它不可能包含 $g_{\mu\nu}$ 的高于二阶的微分系数。

2. 它必须对于这些二阶微分系数是线性的。

3. 其散度必须恒等于零。

前两个条件自然是从泊松方程得来的。因为可以从数学上证明:由黎曼张量,通过代数途径(即不用微分法),就能形成所有这样的微分张量,所以我们的张量必然具有形式

$$R_{\mu\nu} + a g_{\mu\nu} R$$

其中 $R_{\mu\nu}$ 与 R 分别按(88)与(89)下定义。此外,可以证明第三个条件要求 a 的值为 $-\frac{1}{2}$。因此关于引力场的定律,得到方程

$$R_{\mu\nu} - \frac{1}{2} g_{\mu\nu} R = -\kappa T_{\mu\nu} \qquad (96)$$

方程(95)是这个方程的一个推论。κ 表示一个恒量,它是和牛顿引力恒量有关联的。

下面要尽可能少用较复杂的数学方法,指出理论的一些从物理学观点看来是值得注意的要点。首先必须证明左边的散度实际上等于零。由(83),物质的能量原理可以表示成

$$0 = \frac{\partial \mathfrak{T}_\sigma^\alpha}{\partial x_\alpha} - \Gamma_{\sigma\beta}^\alpha \mathfrak{T}_\alpha^\beta \qquad (97)$$

其中

$$\mathfrak{T}_\sigma^\alpha = T_{\sigma\tau} g^{\tau\alpha} \sqrt{-g}$$

将类似的运算用之于(96)的左边就会导致恒等式。

在包围每个世界点的区域里有着这样的坐标系,对于它们,选用虚值的 x_4 坐标,则在既定点有

$$g_{\mu\nu} = g^{\mu\nu} = -\delta_{\mu\nu} \begin{cases} = -1, & \text{如果 } \mu = \nu \\ = 0, & \text{如果 } \mu \neq \nu \end{cases}$$

而且对于它们，$g_{\mu\nu}$ 与 $g^{\mu\nu}$ 的一阶导数都化为零。现在来证明左边的散度在这点等于零。各分量 $\Gamma^{\alpha}_{\sigma\beta}$ 在这点等于零，因而需要证明的只是

$$\frac{\partial}{\partial x_{\sigma}}\left[\sqrt{-g}\,g^{\nu\sigma}\left(R_{\mu\nu}-\frac{1}{2}g_{\mu\nu}R\right)\right]$$

等于零。将(88)与(70)引入这个式子，便看出留存的只是含有 $g_{\mu\nu}$ 的三阶导数的各项。因为 $g_{\mu\nu}$ 还应换成 $-\delta_{\mu\nu}$，最后只剩下少数几项，容易看出它们会互相抵消。由于我们所形成的量具有张量特性，因此就证明了它对于每个其他的坐标系，并且自然对于每个其他的四维点，也是等于零的。这样物质的能量原理(97)是场方程的数学推论。

为了要知道方程(96)是否和经验一致，首先必须弄清楚这样的方程，作为一级近似，是否会引致牛顿理论。为此须将各种近似引用在这些方程里。我们已经知道：在某种近似程度下，欧几里得几何学与光速恒定律在很大范围的区域里，如行星系里，是有效的。如果像在狭义相对论里那样，取虚值的第四坐标，这就意味着需令

$$g_{\mu\nu}=-\delta_{\mu\nu}+\gamma_{\mu\nu} \tag{98}$$

其中的 $\gamma_{\mu\nu}$ 和 1 比较是微小的，以致可以不计 $\gamma_{\mu\nu}$ 的高次幂及其导数。如果这样做，我们就一点也不能探知引力场的结构或宇宙范围的度规空间的结构，然而却能获知邻近质量对于物理现象的影响。

在贯彻这种近似计算之前，先变换(96)。将(96)乘以 $g^{\mu\nu}$，按 μ 与 ν 求和；注意由 $g^{\mu\nu}$ 的定义而得的关系式

$$g_{\mu\nu}g^{\mu\nu}=4$$

便获得方程

$$R=\kappa g^{\mu\nu}T_{\mu\nu}=\kappa T$$

如果将 R 的这个值代入(96)，就有

$$R_{\mu\nu}=-\kappa\left(T_{\mu\nu}-\frac{1}{2}g_{\mu\nu}T\right)=-\kappa T^{*}_{\mu\nu} \tag{96a}$$

作上述的近似计算，左边便成了

$$-\frac{1}{2}\left(\frac{\partial^2\gamma_{\mu\nu}}{\partial x_\alpha^2}+\frac{\partial^2\gamma_{\alpha\alpha}}{\partial x_\mu\partial x_\nu}-\frac{\partial^2\gamma_{\mu\alpha}}{\partial x_\nu\partial x_\alpha}-\frac{\partial^2\gamma_{\nu\alpha}}{\partial x_\mu\partial x_\alpha}\right)$$

或

$$-\frac{1}{2}\frac{\partial^2\gamma_{\mu\nu}}{\partial x_\alpha^2}+\frac{1}{2}\frac{\partial}{\partial x_\nu}\left(\frac{\partial\gamma_{\mu\alpha}}{\partial x_\alpha}\right)+\frac{1}{2}\frac{\partial}{\partial x_\mu}\left(\frac{\partial\gamma_{\nu\alpha}}{\partial x_\alpha}\right)$$

其中曾令

$$\gamma'_{\mu\nu}=\gamma_{\mu\nu}-\frac{1}{2}\gamma_{\sigma\sigma}\delta_{\mu\nu}。\tag{99}$$

现在必须注意方程(96)对于任何坐标系都是有效的。我们曾经选用特定的坐标系,使得 $g_{\mu\nu}$ 在所考虑的区域里和恒值一 $\delta_{\mu\nu}$ 只有无限小的差别。然而这个条件对于坐标的任何无限小的变化仍继续满足,因而 $\gamma_{\mu\nu}$ 还可以受到四个条件的制约,只要这些条件和关于 $\gamma_{\mu\nu}$ 的数量级的条件不相冲突。现在假定选择坐标系时,使得四个关系式

$$0=\frac{\partial\gamma'_{\mu\nu}}{\partial x_\nu}=\frac{\partial\gamma_{\mu\nu}}{\partial x_\nu}-\frac{1}{2}\frac{\partial\gamma_{\sigma\sigma}}{\partial x_\mu}\tag{100}$$

得到满足。于是(96a)取得形式

$$\frac{\partial^2\gamma_{\mu\nu}}{\partial x_\alpha^2}=2\kappa T^*_{\mu\nu}\tag{96b}$$

用电动力学里习见的推迟势的方法可以解这些方程;用容易理解的写法表示,有

$$\gamma_{\mu\nu}=-\frac{\kappa}{2\pi}\int\frac{T^*_{\mu\nu}(x_0,y_0,z_0,t-r)}{r}\mathrm{d}V_0\tag{101}$$

为了看出这个理论在什么意义上包括牛顿理论,必须更详细地考虑物质能张量。从唯象观点考虑,这个能张量是由电磁场的和较狭义的物质的能张量组成的。如果按数量级来考虑这个能张量的不同部分,则根据狭义相对论的结果推知,和有质物的贡献相比较,电磁场的贡献实际上等于零。用我们的单位制,一克物质的能量等于 1;和它相比较,电场的能量可以不计,还有物质形变的能量乃至化学能量也是如此。如果令

$$T_{\mu\nu} = \sigma \frac{\mathrm{d}x_\mu}{\mathrm{d}s} \frac{\mathrm{d}x_\nu}{\mathrm{d}s} \left.\begin{matrix} \\ \\ \end{matrix}\right\} \tag{102}$$
$$\mathrm{d}s^2 = g_{\mu\nu}\,\mathrm{d}x_\mu\,\mathrm{d}x_\nu$$

就会达到充分满足我们要求的近似程度。这里的 σ 是静密度,就是参照随物质运动的伽利略坐标系,借助于单位量杆所测定的在通常意义下有质物质的密度。

此外,有见于在所选择的坐标系里,如果以 $-\delta_{\mu\nu}$ 代替 $g_{\mu\nu}$,便只会造成相对地微小的误差;所以可令

$$\mathrm{d}s^2 = -\sum \mathrm{d}x_\mu^2 \tag{102a}$$

无论产生场的质量相对于所选择的准伽利略坐标系的运动怎样地快,前面的推演总是有效的。但是天文学里,我们须处理这样的质量,它们相对于所用坐标系的速度总是远小于光速,用我们选取的时间单位,就是远小于 1。因此如果在(101)里将推迟势换成通常的(非推迟的)势,并且对于产生场的质量,令

$$\frac{\mathrm{d}x_1}{\mathrm{d}s} = \frac{\mathrm{d}x_2}{\mathrm{d}s} = \frac{\mathrm{d}x_3}{\mathrm{d}s} = 0, \quad \frac{\mathrm{d}x_4}{\mathrm{d}s} = \frac{\sqrt{-1}\,\mathrm{d}l}{\mathrm{d}l} = \sqrt{-1} \tag{103a}$$

就会达到几乎满足所有实际要求的近似程度。于是 $T^{\mu\nu}$ 与 $T_{\mu\nu}$ 的值成了

$$\begin{pmatrix} 0 & 0 & 0 & 0 \\ 0 & 0 & 0 & 0 \\ 0 & 0 & 0 & 0 \\ 0 & 0 & 0 & -\sigma \end{pmatrix} \tag{104}$$

T 的值成了 σ,而最后 $T_{\mu\nu}^*$ 的值便成了

$$\begin{pmatrix} \dfrac{\sigma}{2} & 0 & 0 & 0 \\[2mm] 0 & \dfrac{\sigma}{2} & 0 & 0 \\[2mm] 0 & 0 & \dfrac{\sigma}{2} & 0 \\[2mm] 0 & 0 & 0 & -\dfrac{\sigma}{2} \end{pmatrix} \tag{104a}$$

这样由（101）得到

$$\left.\begin{array}{l} \gamma_{11} = \gamma_{22} = \gamma_{33} = -\dfrac{\kappa}{4\pi}\displaystyle\int \dfrac{\sigma\,\mathrm{d}V_0}{r} \\[4mm] \gamma_{44} = +\dfrac{\kappa}{4\pi}\displaystyle\int \dfrac{\sigma\,\mathrm{d}V_0}{r} \end{array}\right\} \tag{101a}$$

而所有其他的 $\gamma_{\mu\nu}$ 则等于零。这些方程的最后一条和方程（90a）联系起来便包括了牛顿的引力理论。如果将 l 换成 ct，就得到

$$\frac{\mathrm{d}^2 x_\mu}{\mathrm{d}t^2} = \frac{\kappa c^2}{8\pi}\frac{\partial}{\partial x_\mu}\int \frac{\sigma\,\mathrm{d}V_0}{r} \tag{90b}$$

我们看到牛顿的引力恒量 K 以关系式

$$K = \frac{\kappa c^2}{8\pi} \tag{105}$$

和我们的场方程里的恒量 κ 相联系。所以由 K 的已知数值，获知

$$\kappa = \frac{8\pi K}{c^2} = \frac{8\pi \cdot 6.67 \cdot 10^{-8}}{9 \cdot 10^{20}} = 1.86 \cdot 10^{-27} \tag{105a}$$

从（101）看到：即使在一级近似里，引力场的结构和符合牛顿理论的引力场结构就有根本性的区别；这个区别在于引力势具有张量的特性而无标量的特性。过去没有认识到这一点，因为在一级近似上，只有分量 g_{44} 进入到质点的运动方程里。

现在为了能够从我们的结果推断量杆与时计的性质，必须注意下述情形。按照等效原理，相对于范围无限小并在适当运动状态下（自由降落，且无转动）的笛卡儿参照系，欧几里得几何学的度规关系是成立的。在相对于这些系只有微小加速度的局部坐标系里，因而也在相对于所选的系为静止的坐标系里，我们都能作同样的陈述。在这样的局部系里，对于两个邻近的点事件，有

$$\mathrm{d}s = -\mathrm{d}X_1^2 - \mathrm{d}X_2^2 - \mathrm{d}X_3^2 + \mathrm{d}T^2 = -\mathrm{d}S^2 + \mathrm{d}T^2$$

其中 $\mathrm{d}S$ 与 $\mathrm{d}T$ 是分别用相对于系为静止的量杆与时计直接测定的；这些就是自然测定的长度与时间。另一方面，因为我们知道用有限区域里所用的坐标 x_ν 表示，$\mathrm{d}s^2$ 的形式是

$$\mathrm{d}s^2 = g_{\mu\nu}\mathrm{d}x_\mu \mathrm{d}x_\nu$$

所以一方面是自然测定的长度与时间，另一方面是相应的坐标

差,我们就有可能得到两者之间的关系。由于空间与时间的划分对于两个坐标系是相符的,因此使 $\mathrm{d}s^2$ 的两种表示式相等便获得两个关系式。如果根据(101a),令

$$\mathrm{d}s^2 = -\left(1+\frac{\kappa}{4\pi}\int\frac{\sigma\,\mathrm{d}V_0}{r}\right)(\mathrm{d}x_1^2+\mathrm{d}x_2^2+\mathrm{d}x_3^2)+\left(1-\frac{\kappa}{4\pi}\int\frac{\sigma\,\mathrm{d}V_0}{r}\right)\mathrm{d}l^2$$

就足够近似地有

$$\left.\begin{aligned}\sqrt{\mathrm{d}X_1^2+\mathrm{d}X_2^2+\mathrm{d}X_3^2} &= \left(1+\frac{\kappa}{8\pi}\int\frac{\sigma\,\mathrm{d}V_0}{r}\right)\sqrt{\mathrm{d}x_1^2+\mathrm{d}x_2^2+\mathrm{d}x_3^2}\\ \mathrm{d}T &= \left(1-\frac{\kappa}{8\pi}\int\frac{\sigma\,\mathrm{d}V_0}{r}\right)\mathrm{d}l\end{aligned}\right\}\quad(106)$$

所以对于所选择的坐标系,单位量杆有坐标长度

$$1-\frac{\kappa}{8\pi}\int\frac{\sigma\,\mathrm{d}V_0}{r}$$

我们所选择的特殊坐标系保证这个长度只依赖于地点,而和方向无关。如果选择不同的坐标系,这就不会如此。可是不论怎样选择坐标系,刚性量杆的位形的定律总是和欧几里得几何学的定律不符;换句话说,我们选择任何坐标系,都不能使相当于单位量杆端点的坐标差 $\Delta x_1,\Delta x_2,\Delta x_3$,按任何方向放置,总满足关系式 $\Delta x_1^2+\Delta x_2^2+\Delta x_3^2=1$。在这个意义下,空间不是欧几里得空间,而是"弯曲的"。根据上面第二个关系式,单位时计两次摆动间的间隔($\mathrm{d}T=1$),以我们坐标系里所用的单位表示,就相当于"时间"

$$1+\frac{\kappa}{8\pi}\int\frac{\sigma\,\mathrm{d}V_0}{r}$$

照此说来,时计邻近的有质物质的质量愈大,它就走得愈慢。因此断定太阳表面上产生的光谱线,和地球上产生的相应光谱线相比较,大约要向红端移动其波长的 $2\cdot10^{-6}$。起初,理论的这个重要推论好像和实验不合;但是我们从过去几年所获得的结果看来,愈加相信这个效应的存在是可能的,很难怀疑理论的这个推论将在今后几年里得到证实。

理论的另一个可用实验检验的重要推论是和光线路径有关的。在广义相对论里,相对于局部惯性系的光速也是到处相同。

采用时间的自然量度,这个速度是 1。因此按照广义相对论,在通用坐标系里,光的传播定律的特性应以方程

$$\mathrm{d}s^2 = 0$$

表示。在我们使用的近似程度下,在所选择的坐标系里,按照(106),可由方程

$$\left(1 + \frac{\kappa}{4\pi}\int \frac{\sigma\,\mathrm{d}V_0}{r}\right)(\mathrm{d}x_1^2 + \mathrm{d}x_2^2 + \mathrm{d}x_3^2) = \left(1 - \frac{\kappa}{4\pi}\int \frac{\sigma\,\mathrm{d}V_0}{r}\right)\mathrm{d}l^2$$

表示光速的特性。所以在我们的坐标系里,光速 L 是以

$$\frac{\sqrt{\mathrm{d}x_1^2 + \mathrm{d}x_2^2 + \mathrm{d}x_3^2}}{\mathrm{d}l} = 1 - \frac{\kappa}{4\pi}\int \frac{\sigma\,\mathrm{d}V_0}{r} \tag{107}$$

表示的。因而从此可作出光线经过巨大质量近旁时将有偏转的结论。如果设想太阳的质量 M 集中于坐标系的原点,则在 x_1—x_3 平面里和原点相距 Δ 并平行于 x_3 轴行进的光线将向太阳偏转,偏转总值为

$$\alpha = \int_{-\infty}^{+\infty} \frac{1}{L} \frac{\partial L}{\partial x_1}\mathrm{d}x_3$$

进行积分,得

$$\alpha = \frac{\kappa M}{2\pi\Delta} \tag{108}$$

Δ 等于太阳半径时,偏转是 1.7″。1919 年英国日食观测队非常准确地证实了这个偏转的存在,并对于 1922 年的日食,为获得更准确的观测数据做了极审慎的准备。应注意,这个理论的结果也不受坐标系随意选择的影响。

在这里应提到理论的第三个可由观测检验的推论,即有关水星近日点运动的推论。对于行星轨道的长期变化了解得很准确,因而我们所用的近似程度对于理论与观测的比较就不够了。需要回到普遍的场方程(96)。我解决这个问题时用了逐步求近法。可是从那时起,许瓦兹喜德与其他学者已经完全解决了对称有心静引力场的问题;H. 外尔在他的《空间、时间、物质》一书中所作的推演是特别优美的。如果不直接回到方程(96)而使计

算基于和这个方程等效的一种变分原理,则计算可以略加简化。我将只按了解方法所必须的要求略示其程序。

在静场的情况下,$\mathrm{d}s^2$ 必定有形式

$$\left.\begin{aligned}\mathrm{d}s^2 &= -\mathrm{d}\sigma^2 + f^2\mathrm{d}x_4^2 \\ \mathrm{d}\sigma^2 &= \sum_{1-3}\gamma_{\alpha\beta}\mathrm{d}x_\alpha\mathrm{d}x_\beta\end{aligned}\right\} \tag{109}$$

其中后一条方程的右边只要按空间坐标求和。场和中心对称性要求 $\gamma_{\mu\nu}$ 的形式应为

$$\gamma_{\alpha\beta} = \mu\delta_{\alpha\beta} + \lambda x_\alpha x_\beta \tag{110}$$

而 f^2, μ 与 λ 都只是 $r = \sqrt{x_1^2 + x_2^2 + x_3^2}$ 的函数。可以随意选择这三个函数中的一个,因为我们的坐标系本来就是完全随意的;因为用代换

$$x_4' = x_4$$
$$x_\alpha' = F(r)x_\alpha$$

总能保证这三个函数中的一个成为 r' 的指定函数。因此可令

$$\gamma_{\alpha\beta} = \delta_{\alpha\beta} + \lambda x_\alpha x_\beta \tag{110a}$$

来代替(110)而并未限制普遍性。

这样就用 λ 与 f 两个量表示了 $g_{\mu\nu}$。先由(109)与(110a)计算 $\Gamma_{\mu\nu}^\sigma$ 之后,把这些量引入方程(96),便将它们确定成 r 的函数。于是有

$$\left.\begin{aligned}\Gamma_{\alpha\beta}^\sigma &= \frac{1}{2}\frac{x_\sigma}{r}\cdot\frac{\lambda'x_\alpha x_\beta + 2\lambda_{,}\delta_{\alpha\beta}}{1+\lambda r^2}(\text{对于 }\alpha,\beta,\sigma=1,2,3) \\ \Gamma_{44}^4 &= \Gamma_{4\beta}^\sigma = \Gamma_{\alpha\beta}^4 = 0(\text{对于 }\alpha,\beta=1,2,3) \\ \Gamma_{4\alpha}^4 &= \frac{1}{2}f^{-2}\frac{\partial f^2}{\partial x_\alpha}, \quad \Gamma_{44}^\alpha = -\frac{1}{2}g^{\alpha\beta}\frac{\partial f^2}{\partial x_\beta}\end{aligned}\right\} \tag{110b}$$

借助于这些结果,场方程提供了许瓦兹喜德的解:

$$\mathrm{d}s^2 = \left(1-\frac{A}{r}\right)\mathrm{d}l^2 - \left[\frac{\mathrm{d}r^2}{1-\dfrac{A}{r}} + r^2(\sin^2\theta\mathrm{d}\phi^2 + \mathrm{d}\theta^2)\right] \tag{109a}$$

其中曾令

$$
\left.
\begin{aligned}
x_4 &= l \\
x_1 &= r\sin\theta\sin\phi \\
x_2 &= r\sin\theta\sin\phi \\
x_3 &= r\cos\theta \\
A &= \frac{\kappa M}{4\pi}
\end{aligned}
\right\}
\tag{109b}
$$

M 表示太阳的质量,对于坐标原点取中心对称的位置。(109a)这个解只在这个质量之外有效,所有的 $T_{\mu\nu}$ 在这样的地点都等于零。如果行星的运动发生在 $x_1 - x_2$ 平面里,则必须以

$$
\mathrm{d}s^2 = \left(1 - \frac{A}{r}\right)\mathrm{d}l^2 - \frac{\mathrm{d}r^2}{1 - \dfrac{A}{r}} - r^2\mathrm{d}\phi^2
\tag{109c}
$$

代替(109a)。

行星运动的计算有赖于方程(90)。由(110b)的第一个方程与(90),对于指标 $1,2,3$,得到

$$
\frac{\mathrm{d}}{\mathrm{d}s}\left(x_\alpha\frac{\mathrm{d}x_\beta}{\mathrm{d}s} - x\beta\frac{\mathrm{d}s_\alpha}{\mathrm{d}s}\right) = 0
$$

如果积分,并以极坐标表示结果,就有

$$
r^2\frac{\mathrm{d}\phi}{\mathrm{d}s} = \text{恒量}
\tag{111}
$$

由(90),对于 $\mu = 4$,得

$$
0 = \frac{\mathrm{d}^2 l}{\mathrm{d}s^2} + \frac{1}{f^2}\frac{\partial f^2}{\partial x_\alpha}\frac{\mathrm{d}x_\alpha}{\mathrm{d}s}\frac{\mathrm{d}l}{\mathrm{d}s} = \frac{\mathrm{d}^2 l}{\mathrm{d}s^2} + \frac{1}{f^2}\frac{\mathrm{d}f^2}{\mathrm{d}s}\frac{\mathrm{d}l}{\mathrm{d}s}
$$

由此,在乘以 f^2 并积分之后,有

$$
f^2\frac{\mathrm{d}l}{\mathrm{d}s} = \text{恒量}
\tag{112}
$$

(109c),(111)与(112)使我们有了三个关于四个变量 s,r,l 与 ϕ 的方程,从这些方程就可按照和经典力学里同样的方法计算行星的运动。由此获得的最重要的结果是行星椭圆轨道依照行星公转方向的长期转动,每公转按弧度计的值是

$$
\frac{24\pi^3 a^2}{(1 - e^2)c^2 T^2}
\tag{113}
$$

其中

    a＝行星半长轴按厘米计的长度，

    e＝偏心率，

    $c=3 \cdot 10^8$，光在真空中的速度，

    T＝按秒计的公转周期。

这个式子使得百年来(自赖斐列起始)大家所熟知而理论天文学一直未能满意解释的水星近日点运动获得了说明。

以广义相对论表示麦克斯韦的电磁场论是没有困难的；应用(81)，(82)与(77)等张量的形成就能做到。设 ϕ_μ 为一秩张量，理解为电磁四元势；那么，因为电磁场张量可以用这些关系式下定义，

$$\phi_{\mu\nu} = \frac{\partial \phi_\mu}{\partial x_\nu} - \frac{\partial \phi_\nu}{\partial x_\mu} \tag{114}$$

于是麦克斯韦方程组的第二个方程就用由此所得的张量方程

$$\frac{\partial \phi_{\mu\nu}}{\partial x_\rho} + \frac{\partial \phi_{\nu\rho}}{\partial x_\mu} + \frac{\partial \phi_{\rho\mu}}{\partial x_\nu} = 0 \tag{114a}$$

来确定，而以张量密度关系式

$$\frac{\partial f^{\mu\nu}}{\partial x_\nu} = \mathfrak{I}^\mu \tag{115}$$

来确定麦克斯韦方程组的第一个方程，其中

$$f^{\mu\nu} = \sqrt{-g}\, g^{\mu\sigma} g^{\nu\tau} \phi_{\sigma\tau}$$

$$\mathfrak{I}^\mu = \sqrt{-g}\, \rho\, \frac{\mathrm{d}x_\nu}{\mathrm{d}s}$$

如果将电磁场的能张量引入(96)的右边并取散度，就会对于特殊情况 $\mathfrak{I}^\mu = 0$ 得到(115)。作为(96)的一个推论。许多理论家认为这种在广义相对论的方案里包括电的理论是武断而不能令人满意的。这样我们也不能了解构成基本带电粒子的电的平衡。如果有一种理论，引力场与电磁场不作为逻辑上有区别的结构进入其中，这样的理论就会是可取得多的。H. 外尔以及近来 Th. 卡鲁查沿着这个方向提出了巧妙的见解；然而关于这些见解，我深信

它们并没有引导我们更接近于基本问题的真实解答。我不打算进一步研究这一点。但我要简略地讨论所谓宇宙学问题，因为没有这种讨论，关于广义相对论的考虑在某种意义上仍然是不够的。

上面基于场方程(96)的考虑以这样的概念为基础，就是空间整个来说是伽利略、欧几里得空间，而只是含在里面的质量才扰乱了这个特性。只要涉及的空间在数量级上如天文学通常所处理的那样，这个概念当然是有理由的。但是宇宙的哪些部分是准欧几里得的，不论它们多大，却是全然不同的问题。从曾经多次用到的曲面理论中举一个例子，可以弄清这一点。如果曲面的某个部分实际上可当作平面，丝毫不能推断整个曲面具有平面的形状；这个曲面尽可以是半径足够大的球面。在相对论发展前，从几何学观点已讨论得很多的一个问题是宇宙全部来说是否是非欧几里得的。但是随着相对论，这问题已进入新的阶段，因为按照这个理论，物体的几何性质不是独立的，而是和质量分布有关的。

如果宇宙是准欧几里得的，则马赫认为惯性以及引力依赖于物体间的一种相互作用的见解，是完全错误的。因为在这个情况下，对于适当选择的坐标系，$g_{\mu\nu}$ 在无限远处会是恒定的，就像它们在狭义相对论里一样；而作为有限区域里质量影响的结果，在有限区域里，对于适当选择的坐标，$g_{\mu\nu}$ 会和这些恒定值只有微小的差别。那么空间的物理性质便不是完全独立的，即不是完全不受物质的影响，不过大体上来说，它们会受到物质的制约，而且只在微小的程度上受制约。这样一种二元论的观念，甚至其本身也是不能令人满意的；不过有一些驳斥它的重要物理论点，我们将予以考虑。

假定宇宙是无限的且在无限远处是欧几里得的，从相对论的观点看，是一个复杂的假设。用广义相对论的语言说，这就要求四秩黎曼张量 R_{iklm} 在无限远处化为零，这个张量提供了二十个独立条件，而只有十个曲率分量 $R_{\mu\nu}$ 进入引力场定律里。假设这样影响远及的限制而没有任何物理基础，当然是不能令人满意的。

但是第二点，马赫认为惯性依赖于物质的一种相互作用的想法，从相对论看来，可能走上了正确的道路。因为下面将要指出：按照我们的方程，在惯性的相对性意义下，惯性质量确在互相作用，即使作用很微弱。沿着马赫的思路应当期待些什么呢？

1. 有质物堆积在物体邻近时，物体的惯性必定增加。

2. 邻近质量加速时，物体一定受到加速力，事实上力必定和加速度同方向。

3. 转动的中空物体必定在其本身内部产生使运动物体按转动方向偏转的"科里奥利场"以及径向离心场。

现在要证明：根据我们的理论，按马赫见解应当期待的这三种效应是实际存在的，虽然它们在大小上过于微小，以致无从设想由实验室的实验加以证实。为了这个目的，回到质点运动方程(90)，并要进行比较方程(90a)里略进一步的近似计算。

首先，设 γ_{44} 为一级微量。按照能量方程，质量在引力影响下运动的速度的平方是同级的量。因此将所考虑的质点的速度以及产生场的质量的速度都当作级数为 $\frac{1}{2}$ 的微量是合理的。现在要在从场方程(101)与运动方程(90)而来的方程里进行近似计算，达到的程度是对于(90)左方的第二项，考虑那些与速度呈线性关系的各项。此外，不设 $\mathrm{d}s$ 与 $\mathrm{d}l$ 彼此相等，而要按照较高的近似程度，令

$$\mathrm{d}s = \sqrt{g_{44}}\,\mathrm{d}l = \left(1 - \frac{\gamma_{44}}{2}\right)\mathrm{d}l$$

起初由(90)得到

$$\frac{\mathrm{d}}{\mathrm{d}l}\left[\left(1 + \frac{\gamma_{44}}{2}\right)\frac{\mathrm{d}x_\mu}{\mathrm{d}l}\right] = -\Gamma^\mu_{\alpha\beta}\frac{\mathrm{d}x_\alpha}{\mathrm{d}l}\frac{\mathrm{d}x_\beta}{\mathrm{d}l}\left(1 + \frac{\gamma_{44}}{2}\right) \tag{116}$$

由(101)，按要求的近似程度，有

$$\left.\begin{aligned}
-\gamma_{11} = -\gamma_{22} = -\gamma_{33} = \gamma_{44} &= \frac{\kappa}{4\pi}\int\frac{\sigma\,\mathrm{d}V_0}{r} \\
\gamma_{4\alpha} &= -\frac{i\kappa}{2\pi}\int\frac{\sigma\dfrac{\mathrm{d}x_\alpha}{\mathrm{d}s}\,\mathrm{d}V_0}{r} \\
\gamma_{\alpha\beta} &= 0
\end{aligned}\right\} \tag{117}$$

其中 α 与 β 只表示空间指标。

可以在(116)的右边将 $1+\dfrac{\gamma_{44}}{2}$ 换成 1，并将 $-\Gamma_{\mu}^{\alpha\beta}$ 换成 $\begin{bmatrix} \alpha\beta \\ \mu \end{bmatrix}$。

此外，容易看出：按这样的近似程度，必须令

$$\begin{bmatrix} 44 \\ \mu \end{bmatrix} = -\frac{1}{2}\frac{\partial\gamma_{44}}{\partial x_{\mu}} + \frac{\partial\gamma_{4\mu}}{\partial x_4}$$

$$\begin{bmatrix} \alpha 4 \\ \mu \end{bmatrix} = \frac{1}{2}\left(\frac{\partial\gamma_{4\mu}}{\partial x_{\alpha}} - \frac{\partial\gamma_{4\alpha}}{\partial x_{\mu}}\right)$$

$$\begin{bmatrix} \alpha\beta \\ \mu \end{bmatrix} = 0$$

其中 α,β 与 μ 表示空间指标。因此按通常的矢量写法，由(116)得到

$$\left.\begin{aligned} \frac{\mathrm{d}}{\mathrm{d}l}\big[(1+\bar{\sigma})\mathbf{v}\big] &= \mathrm{grand}\,\bar{\sigma} + \frac{\partial\mathfrak{U}}{\partial l} + [\mathrm{rot}\,\mathfrak{U},\mathbf{v}] \\ \bar{\sigma} &= \frac{\kappa}{8\pi}\int\frac{\sigma\,\mathrm{d}V_0}{r} \\ \mathfrak{U} &= \frac{\kappa}{2\pi}\int\frac{\sigma\dfrac{\mathrm{d}x_a}{\mathrm{d}l}\mathrm{d}V_0}{r} \end{aligned}\right\} \tag{118}$$

事实上，现在运动方程(118)表明：

1. 惯性质量和 $1+\sigma$ 成比例，所以当有质物趋近试验物体时会增加。

2. 加速质量对于试验物体有同符号的感应作用。这就是 $\dfrac{\partial\mathfrak{U}}{\partial l}$ 一项。

3. 在转动的中空物体内部，垂直于转轴运动的质点按转动方向偏转（科里奥利场）。从理论还可推断在转动的中空物体内部有上面提到的离心作用，正如梯尔令曾经指出的一样。[①]

虽然由于 κ 是这样微小，所有这些效应都不可能从实验观

---

① 在相对于惯性系作匀速转动的坐标系的特殊情况下，即使不用计算，也可以认识到离心作用必然是和科里奥利场的存在不可分离地联系着的；普遍的协变方程自然必须适用于这样的情况。

测到,但是按照广义相对论,它们肯定是存在的。对于马赫关于所有惯性作用的相对性的见解,我们应从这些效应中看到有力的支持。如果在思想上将这些见解一致地贯彻到底,就必须期待全部惯性,即整个 $g_{\mu\nu}$ 场,是由宇宙的物质来决定,而不是主要由无限远处的边界条件来决定。

星体的速度和光速相比较是微小的,这个事实看来对于建立宇宙大小的 $g_{\mu\nu}$ 场的适当概念是有意义的。由此推知:对于适当的坐标选择,在宇宙间,至少在宇宙间有物质的部分,g_{44} 几乎是恒定的。而且,宇宙间各处都有星体的假设似乎是自然的,所以很可以假定 g_{44} 的不恒定只是由于物质并不连续分布而却集中在单独天体与天体系里的原因。如果为了研究宇宙作为整体的一些几何性质,愿意不顾物质密度与 $g_{\mu\nu}$ 场的这些较为局部的非均匀性,则似乎自然可将实际的质量分布代之以连续分布,并进一步给这个分布指定均匀的密度 σ。在这样设想的宇宙里,所有各点连同空间方向在几何上是等效的;关于它的空间延展,它具有恒定的曲率,并且对于 x_4 坐标是柱状的。有可能宇宙是空间有界的,因而按照 σ 为恒定的假定,具有恒定曲率,作球状或椭球状,这种可能性好像特别令人满意;因为既然如此,根据广义相对论的观点,无限远处的边界条件是极不方便的,就可将它换成自然得多的闭合空间的条件。

根据上面所说,应令

$$ds^2 = dx_4^2 - \gamma_{\mu\nu} dx_\mu dx_\nu \tag{119}$$

其中指标 μ 与 ν 只由 1 到 3。$\gamma_{\mu\nu}$ 是 x_1,x_2,x_3 的某种函数,它相应于具有正的恒曲率的三维连续区域。现在必须研究这样的假设能否满足引力场方程。

为了能作这样的研究,必须首先知道具有恒曲率的三维流形满足什么微分条件。浸没在四维欧几里得连续区域里的三维球状流形[①]可用方程

----

① 这里引用第四空间维,除了作为数学上的手段之外,当然是没有意义的。

$$x_1^2 + x_2^2 + x_3^2 + x_4^2 = a^2$$

$$dx_1^2 + dx_2^2 + dx_3^2 + dx_4^2 = ds^2$$

表示。消去 x_4，得

$$ds^2 = dx_1^2 + dx_2^2 + dx_3^2 + \frac{(x_1 dx_1 + x_2 dx_2 + x_3 dx_3)^2}{a^2 - x_1^2 - x_2^2 - x_3^2}$$

不计含 x_ν 三次与更高次的各项，就可在坐标原点的邻近令

$$ds^2 = \left(\delta_{\mu\nu} + \frac{x_\mu x_\nu}{a^2} \right) dx_\mu dx_\nu$$

括弧内部是流形在原点邻近的 $g_{\mu\nu}$。由于 $g_{\mu\nu}$ 的一阶导数，因而还有 $\Gamma_{\mu\nu}^\tau$，都在原点化为零，所以由（88）计算这个流形在原点的 $R_{\mu\nu}$ 是很简单的。我们有

$$R_{\mu\nu} = -\frac{2}{a^2} \delta_{\mu\nu} = -\frac{2}{a^2} g_{\mu\nu}$$

因为关系式 $R_{\mu\nu} = -\dfrac{2}{a^2} g_{\mu\nu}$ 是一般地协变的，而且流形的所有各点都是在几何上等效的，所以这个关系式对于每个坐标系以及在流形的各处都能成立。为了避免和四维连续区域相混淆，以下将以希腊字母表示有关三维连续区域的量，并令

$$P_{\mu\nu} = -\frac{2}{a^2} \gamma_{\mu\nu} \tag{120}$$

现在进行将场方程（96）应用到我们的特殊情况。对于四维流形，由（119）得

$$\left. \begin{array}{ll} R_{\mu\nu} = P_{\mu\nu} & \text{对于指标 1 到 3} \\ R_{14} = R_{24} = R_{34} = R_{44} = 0 & \end{array} \right\} \tag{121}$$

对于（96）的右边，须考虑作尘云状分布的物质的能张量。因此按照以上所说，专对静止情况，必须令

$$T^{\mu\nu} = \sigma \frac{dx_\mu}{ds} \frac{dx_\nu}{ds}$$

但是此外还要添加一个压强项，这可以从物理上来成立如下。物质是带电粒子组成的。在麦克斯韦理论的基础上，不能将它们设想为没有奇异点的电磁场。为了符合事实起见，须引入麦

克斯韦理论里没有的能量项,使得单独的带电粒子不管它们的带有同号电的组素间的相互推斥而可以聚合。为了符合这个事实,庞加莱曾假定在这些粒子内部有平衡静电推斥的压强存在。然而不能断言这个压强在粒子外面就化为零。如果在我们的唯象性的陈述里添加一个压强项,就会符合这个情况。可是切莫以此和流体动力压强相混淆,因为它只用来作为物质内部动力关系的能的表示。于是令

$$T_{\mu\nu} = g_{\mu a} g_{\nu\beta} \sigma \frac{\mathrm{d}x_a}{\mathrm{d}s} \frac{\mathrm{d}x_\beta}{\mathrm{d}s} - g_{\mu\nu} p \qquad (122)$$

因此在我们的特殊情况下,须令

$$T_{\mu\nu} = \gamma_{\mu\nu} p\,(对于从 1 到 3 的 \mu 与 \nu)$$

$$T_{44} = \sigma - p$$

$$T = -\gamma^{\mu\nu}\gamma_{\mu\nu} p + \sigma - p = \sigma - 4p$$

看到场方程(96)可以写成

$$R_{\mu\nu} = -\kappa\left(T_{\mu\nu} - \frac{1}{2} g_{\mu\nu} T\right)$$

的形式,便从(96)获得方程

$$+\frac{2}{a^2}\gamma_{\mu\nu} = \kappa\left(\frac{\sigma}{2} - p\right)\gamma_{\mu\nu}$$

$$0 = -\kappa\left(\frac{\sigma}{2} + p\right)$$

由此得到

$$\left.\begin{array}{l} p = -\dfrac{\sigma}{2} \\[2mm] \alpha = \sqrt{\dfrac{2}{\kappa\sigma}} \end{array}\right\} \qquad (123)$$

如果宇宙是准欧几里得的,因而有无限大的曲率半径,则 σ 会等于零。但是宇宙间物质的平均密度确然为零,是少有可能的;这是我们反对准欧几里得宇宙的假设的第三个论点。看来我们假设的压强也不可能化为零;只有在我们有了更完善的电磁场的理论知识之后,才能体会这个压强的物理本质。根据

（123）的第二个方程，宇宙的半径 a 是用方程

$$a = \frac{M\kappa}{4\pi^2} \qquad\qquad (124)$$

由物质的总质量 M 确定的。借助于这个方程，几何性质之完全有赖于物理性质就显得很清楚了。

这样就可以引入下述论点来驳斥空间无限的观念，并支持空间有界或闭合的观念：

1. 根据相对论的观点，假设闭合的宇宙比较在宇宙的准欧几里得结构的无限远处假设相应的边界条件，要简单得多。

2. 马赫表示的关于惯性依赖于物体相互作用的见解是作为一次近似而包含在相对论的方程里的；根据这些方程推知，惯性依赖于，至少是部分地依赖于，质量间的相互作用。因为如果假定惯性一部分依赖于相互作用，一部分又依赖于空间的独立性质，则所作的假定是不能令人满意，从而马赫的见解就更加显得可能了。然而马赫的这个见解只适应于空间有界的有限宇宙，而不适应于准欧几里得的无限宇宙。根据认识论的观点，让空间的力学性质完全由物质确定会更令人满意些，而只有在闭合宇宙中才是这样的情况。

3. 只有在宇宙间物质的平均密度等于零的情况下，无限的宇宙才有可能。这样一种假定在逻辑上虽有可能，但是和宇宙间的物质存在着有限的平均密度的假设相比，它还是可能较少的。

▲ 要对20世纪的重大历史事件和人物做出恰当而中肯的评价，仍需假以漫长的时日。然而，我们现在完全可以自信地断定：爱因斯坦是20世纪最伟大的科学家、思想家和人——一个真正的人，他的深邃思想和高洁人格在21世纪依然熠熠生辉。

爱因斯坦一生的和平活动分为三个时期："一战"爆发到纳粹窃权（1914—1933），纳粹窃权到"二战"（1933—1945），"二战"之后直至他逝世（1945—1955）。在第一个时期，他积极从事公开的和秘密的反战活动，号召拒服兵役，战后为恢复各国人民之间的相互谅解四处奔走，参与国际知识分子合作委员会。在第二个时期，他告别绝对和平主义，呼吁爱好和平的人民提高警惕，防止纳粹的进攻，并挺身而出反对德国军国主义和法西斯主义，反对英国的绥靖主义和美国的孤立主义。在第三个时期，他为根除战争加紧倡导世界政府的建立，大力反对冷战和核战争威胁，反对美国国内的政治迫害。

◀ 1923年2月8日爱因斯坦在以色列特拉维夫举行的一场招待会上，他被授予荣誉市民的称号。1952年，以色列总理本－古里安邀请爱因斯坦担任以色列总统，爱因斯坦回绝了。

◀ 1924年，爱因斯坦在德国的犹太学生联合会上讲话。当时德国的反犹主义情绪正在不断高涨。在爱因斯坦看来，犹太人应当树立信心，自力更生，而不是向他们的宿主社会求援。泰戈尔对同一时期印度人和英国殖民力量的关系也持类似看法，这就是爱因斯坦和泰戈尔为什么在社会态度上有许多共同语言的原因。

▲ 1930年夏天，爱因斯坦和印度诗人泰戈尔在伯林。爱因斯坦虽然并不赞同泰戈尔的哲学，却同意他对社会和政治的看法。他们的讨论内容涵盖了哲学问题和当代社会的问题，引起了公众的注意。

▲ 爱因斯坦写给《书友》（*Liber Amicorum*）的稿件的草稿，于1926年1月29日在罗曼·罗兰60岁生日之际发表。爱因斯坦与罗曼·罗兰都热情地致力于和平事业。

▲ 1923年，爱因斯坦参加在柏林举行的反战示威游行。

▲ 1933年10月，在伦敦皇家阿尔伯特大厅，爱因斯坦和许多著名的演讲者在那集会，帮助犹太难民基金筹款。当时的爱因斯坦刚刚离开德国，在英国过着逃亡生活，不久就要前往美国。在排队等候的时候，爱因斯坦在与奥利弗·兰普森切磋。挨着他左侧坐着的是被誉为"核物理之父"的欧内斯特·卢瑟福。

▲ 从1943年6月到1944年10月，爱因斯坦在美国海军担任顾问性质的职位。爱因斯坦曾给罗斯福总统写信，信中强调关于生产原子弹可行性及进行大规模实验的必要性。他说过："我清楚地意识到如果实验成功会对人类带来多大的威胁。但是我又感到不得不采取这样的行动，因为看起来德国也正在进行这类实验。我别无选择，尽管我是一个和平主义者。"

▶ 1950年2月10日，爱因斯坦在普林斯顿的电视节目《今天和罗斯福夫人有约》录制现场。他认为科学家肩负特殊的责任，需要告诉人民核战争的危害性。

爱因斯坦的科学理论是象牙塔之内的阳春白雪，但是他却走出象牙塔，身体力行，义无反顾地投身到各种有益的社会政治活动中去。他对真善美古道热肠，对假恶丑疾恶如仇，具有高度的社会责任感和永不泯灭的科学良心。他觉得，对社会上非常恶劣和不幸的状况保持沉默，无异于犯"同谋罪"。他的自由心灵、独立的人格、仁爱的人性、高洁的人品，以及富有魅力的个性，使世人"高山仰止，景行行止"。爱因斯坦的为人，赢得了人们的广泛尊敬和仰慕。

◀ "正在阅读信件的爱因斯坦"塑像。

▲ 韩国科学博物馆为纪念爱因斯坦诞辰100周年制作的爱因斯坦蜡像。

▶ 爱因斯坦雕像

▼ 雕塑家艾普斯坦（Jacob Epstein，1880—1959）爵士和爱因斯坦的半身像。

▶ 这个塑像根据爱因斯坦的一张著名照片而制成，这一表现出严肃科学家的调皮瞬间的镜头已经成为流行文化的一个符号。

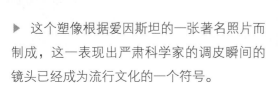

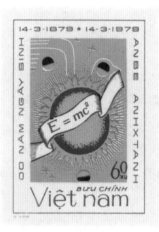

　　爱因斯坦的当代意义主要在于他的思想、精神和人格——这是世人一笔极其珍贵的"形而上"财富，是人类的无价之宝。爱因斯坦是科学思想家或哲人科学家。撇开他的具体的科学贡献不谈，他的科学思想和科学方法，现在依然是科学家的锐利的方法论武器。他的"多元张力哲学"，是20世纪科学哲学的集大成和思想巅峰，时至今日还在引领科学和哲学的新潮流。他的社会哲学和人生哲学成为21世纪"和平与发展"主旋律的美妙音符，成为促进科学文化和人文文化的汇流和整合的强大动力，是生活在21世纪的人的人生观之明鉴。

原著第二版附录

· Appendix Ⅰ. Appendix for the Second Edition ·

爱因斯坦 1916 年提出的广义相对论,更进一步推广了狭义相对论,成为万有引力学说发展的新阶段。广义相对论的推论,已成为一系列的天文观测所证实,它在宇宙学上具有重大的意义。

Die Grundlage der allgemeinen Relativitätstheorie.

A. Prinzipielle Erwägungen zum Postulat der Relativität.

§1. Die spezielle Relativitätstheorie.

Die im Nachfolgenden dargelegte Theorie bildet die denkbar weitgehendste Verallgemeinerung der heute allgemein als "Relativitätstheorie" bezeichneten Theorie; diese letztere nenne ich im folgenden zur Unterscheidung von der ersteren "spezielle Relativitätstheorie" und setze sie als bekannt voraus. Diese Verallgemeinerung der Relativitätstheorie wurde sehr erleichtert durch die Gestalt, welche der speziellen Relativitätstheorie durch Minkowski gegeben wurde, welcher Mathematiker zuerst die formale Gleichwertigkeit der räumlichen Koordinaten und der Zeitkoordinate klar erkannte und für den Aufbau der Theorie nutzbar machte. Die für die allgemeine Relativitätstheorie nötigen mathematischen Hilfsmittel lagen fertig bereit in dem "absoluten Differentialkalkül", welcher auf den Forschungen von Gauss, Riemann und Christoffel über nichteuklidische Mannigfaltigkeiten ruht und von Ricci und Levi-Civita in ein System gebracht und bereits auf Probleme der theoretischen Physik angewendet wurde. Ich habe im Abschnitt B der vorliegenden Abhandlung alle für uns nötigen, bei dem Physiker nicht als bekannt vorauszusetzenden mathematischen Hilfsmittel entwickelt in möglichst einfacher und durchsichtiger Weise, sodass ein Studium mathematischer Literatur für das Verständnis der vorliegenden Abhandlung nicht erforderlich ist. Endlich sei an dieser Stelle dankbar meines Freundes, des Mathematikers Grossmann gedacht, der mir durch seine Hilfe nicht nur das Studium der einschlägigen mathematischen Literatur ersparte, sondern mich auch beim Suchen nach den Feldgleichungen der Gravitation unterstützte.

A. Prinzipielle Erwägungen zum Postulat der Relativität.

§1. Bemerkungen zu der speziellen Relativitätstheorie.

Der speziellen Relativitätstheorie liegt folgendes Postulat zugrunde, welchem auch durch die Galilei-Newton'sche Mechanik Genüge geleistet wird: Wird ein Koordinatensystem K so gewählt, dass inbezug auf dasselbe die physikalischen Gesetze in ihrer einfachsten Form gelten, so gelten dieselben Gesetze auch inbezug auf jedes andere Koordinatensystem K', das relativ zu K in gleichförmiger Translationsbewegung begriffen ist. Dies Postulat nennen wir R₁, "spezielles Relativitätsprinzip". Durch das Wort "speziell" soll angedeutet werden, dass das Prinzip auf den

论"宇宙学问题"

　　自这本小书第一版发行以来,相对论又有了一些进展。其中有些打算在这里只作简要的说明:

　　前进的第一步是断然证明发源地点的(负)引力势所引起的光谱线红向移动的存在。所谓"矮星"的发现使这个证明有了可能,这种星的平均密度成万倍地超过水的密度。对于这样一颗能够确定质量与半径的星(例如天狼星的淡弱伴星)①,曾根据理论推测红向移动约为对于太阳的 20 倍,而实际证明它确在所推测的范围之内。

　　前进的第二步涉及受引力的物体的运动定律,于此略加叙述。在起初确定理论的表示式时,受引力的质点的运动定律是作为引力场定律之外的独立基本假设来引入的——参看方程(90),它断言受引力的质点沿短程线运动。这就造成由伽利略惯性定律转到存在"真正"引力场的情况这种假想的转化。已经证明这个运动定律——推广到任意大的受引力质量的情况——可以单独从空虚空间的场方程求得。根据这个推导,运动定律取决于一个条件,就是场在产生场的各质点外面到处无奇异点。

　　前进的第三步涉及所谓"宇宙学问题",这里打算详细讨论,部分地由于它的基本重要性,部分地也因为这些问题的讨论还根本没有结束。由于我逃不掉这样的印象,就是在目前对于这

◀ 发表于《物理学纪事》(1916)的"广义相对论的基础"文章的手稿。这篇文章第一次系统地阐释了广义相对论。

---

　　① 质量是应用牛顿定律而以光谱学方法从天狼星上的反作用得到的;半径是从总光亮度与每单位面积的辐射强度得到的,而后者又可由其辐射温度获得。

个问题的处理中,最重要的基本观点还不够强调;这个事实也使我感到一种督促来作更确切的讨论。

问题大致可以这样规定:根据对于恒星的观测,我们坚信恒星系统大体上并不像漂浮在无限的空虚空间里的岛屿,而且也不存在任何类似于所有现存物质总量的重心的东西,毋宁说我们深信空间物质有着不等于零的平均密度。

于是引起这样的问题:能否使根据经验所提出的这个假设和广义相对论相调协?

首先须将问题规定得更确切些。考虑宇宙的一个足够大的有限部分,能使其中所合物质的平均密度是(x_1,x_2,x_3,x_4)的近似连续函数。这样一个子空间可以近似地当作关联到星体运动的惯性系(闵可斯基空间)。能够安排它使得相对于这个系的平均物质速度在所有的方向上都化为零。剩下的是各个星体的(近乎紊乱的)运动,类似于气体分子的运动。一个主要之点是,由经验知道星体的速度和光速相比较是很微小的。所以暂且完全忽略这个相对运动,并将这些星代之以各微粒相互间没有(紊乱)运动的物质尘埃,是行得通的。

上述条件还绝不足以使问题成为确定的问题。最简单而最根本的特殊规定是这个条件:物质的(自然测定的)密度 ρ 在空间到处都是相同的;对于坐标的适当选择,度规是与 x_4 无关的,且对于 x_1,x_2,x_3 是均匀而各向同性的。

我起初就认为这个情况是大规模物理空间最自然的理想化描述。反对这个解法的意见是所需引入的负压强没有物理根据。为了使这样的解法成为可能,我原来在方程里新添一项以代替上述压强,根据相对论的观点,这是容许的。这样扩大后的引力方程是

$$\left(R_{ik}-\frac{1}{2}gikR\right)+A_{gik}+\kappa T_{ik}=0 \qquad (1)$$

其中 A 是一个普适恒量("宇宙学恒量")。这个第二项的引入使理论趋于复杂化,严重地减弱了理论在逻辑上的朴素性。几

乎不能避免引用物质的有限平均密度,这就造成了困难,而只能以这个困难来说明上述补充项是应当引入的。顺便提到,同样的困难在牛顿理论里也是存在的。

数学家弗利德曼为这个进退两难的境地找到一条出路。[①]后来他的结果由于赫布耳的星系膨胀的发现(随距离均匀增加的光谱线红向移动)而获得意外的证实。下面主要只是弗利德曼见解的说明。

对于三维各向同性的四维空间

我们发觉所看到的一些星系在所有的方向上以大致同样的密度分布着。于是促使我们假定系的空间各向同性对于所有的观察者,对于和周围物质相比较是处于静止的观察者的每个地点与每个时刻都是成立的。另一方面,我们不再假定对于和邻近物质保持相对静止的观察者,物质的平均密度对于时间是恒定的。与此相伴,我们抛掉度规场的表示式和时间无关的假设。

现在须为宇宙就空间而论处处各向同性的条件找出数学形式。通过(四维)空间的每一点 P 有一条质点所行的路线(以下简称"短程线")。设 P 与 Q 是这样一条短程线上无限接近的两点,那么就有必要要求相对于保持 P 与 Q 固定的坐标系的任何转动,场的表示式是不变的。这对于任何短程线的任何元素都将有效。[②]

上述不变性的条件意味着短程线全线处于转动轴上而其各点在坐标系的转动下保持不变。这就意味着这个解对于坐标系绕三重无限多的短程线的所有转动应是不变的。

---

① 他指出:根据场方程,在整个(三维)空间里可能有有限的密度,不必特地为此扩大这些场方程。*Zeitschrif für Physik*《物理学杂志》10(1922)。

② 这个条件不仅限制度规,并且还要求对于每一条短程线都存在一个坐标系,能使得相对于这个系,绕这条短程线转动下的不变性是有效的。

为简略起见,我不打算涉及解法的演绎推导。可是对于三维空间,似乎能直觉地显然看到:在绕双重无限多的线的转动下不变的度规根本上属于中心对称的类型(按适当的坐标选择),其中转动轴是沿径直线,由于对称性的缘故,它们是短程线。那么恒值半径的曲面是(正)曲率恒定的曲面,这些曲面处处垂直于(沿径)短程线。因此按不变论的语言就有下述结果:

存在着正交于短程线的曲面族。这些曲面的每一个都是曲率恒定的曲面。这些短程线在曲面族的任何两个曲面间的弧段是相等的。

注 族中曲面可能有负的恒值曲率或欧几里得曲面(零曲率),就这一点而论,前面直觉地获得的并不是一般情况。

我们所关心的四维情况是完全类似的。此外,当度规空间有惯性指数 1 时并无根本区别;不过须选择径向作为类时的方向而相应地以族中曲面内的方向作为类空的方向。所有各点的局部光锥的轴都处于沿径的线上。

坐标的选择

现在选择在物理解释的观点上更方便的别种坐标,以代替将宇宙的空间各向同性表示得最为明显的四个坐标。

在中心对称的形式下,质点短程线是通过中心的直线,就选择它们作为类时线,线上的 x_1, x_2, x_3 是恒定的,而独有 x_4 是变化的。再设 x_4 等于到中心的度规距离。按这样的坐标,度规的形式为

$$\left.\begin{aligned} \mathrm{d}s^2 &= \mathrm{d}x_4^2 - \mathrm{d}\sigma^2 \\ \mathrm{d}\sigma^2 &= \gamma_{ik}\,\mathrm{d}x_i\,\mathrm{d}x_k\,(i,k=1,2,3) \end{aligned}\right\} \tag{2}$$

$\mathrm{d}\sigma^2$ 是诸球状超曲面之一上面的度规。于是除了仅仅依赖于 x_4 的一个正因子之外,属于不同超曲面的 γ_{ik}(由于中心对称性)在所有超曲面上的形式是一样的:

$$\gamma_{ik} = \gamma_{0\,ik} G^2 \tag{2a}$$

其中 γ_0 只依赖于 x_1, x_2, x_3，而 G 仅仅是 x_4 的函数。于是得到

$$d\sigma_0^2 = \gamma_{0\,ik} dx_i dx_k \, (i, k = 1, 2, 3) \tag{2b}$$

是三维里曲率恒定的确定度规，对于每个 G 是相同的。

方程

$$R_{0\,iklm} - B(\gamma_{0\,il} \gamma_{0\,km} - \gamma_{0\,im} \gamma_{0\,kl}) = 0 \tag{2c}$$

表示这种度规的特性。可选择坐标系 (x_1, x_2, x_3) 使得：

$$d\sigma_0^2 = A^2(dx_1^2 + dx_2^2 + dx_3^2)，即 \gamma_{0\,ik} = A^2 \delta_{ik} \tag{2d}$$

其中 A 将仅仅是 $r(r^2 = x_1^2 + x_2^2 + x_3^2)$ 的正值函数。代入方程，获得两个关于 A 的方程：

$$\left. \begin{aligned} -\frac{1}{r}\left(\frac{A'}{Ar}\right)' + \left(\frac{A'}{Ar}\right)^2 &= 0 \\ -\frac{2A'}{Ar} - \left(\frac{A'}{Ar}\right)^2 - BA^2 &= 0 \end{aligned} \right\} \tag{3}$$

第一个方程为

$$A = \frac{c_1}{c_2 + c_3 r^2} \tag{3a}$$

所满足，其中恒量暂时是随意的。于是由第二个方程，得到

$$B = 4\frac{c_2 c_3}{c_1^2} \tag{3b}$$

关于各个恒量 c，有下列情况：如果对于 $r = 0$，A 应有正值，则 c_1 与 c_2 必须有相同符号。因为改变所有三个恒量的符号并不改变 A，所以可设 c_1 与 c_2 都是正的。还可令 c_2 等于 1。此外，由于正因子总能并入 G^2 里，因而也可使 c_1 等于 1 而不损失普遍性。所以能令

$$A = \frac{1}{1 + cr^2}; \; B = 4c \tag{3c}$$

现在有了三种情况：

$c > 0$（球状空间），

$c < 0$（赝球状空间），

$$c=0（欧几里得空间）。$$

用坐标的相似性变换（$x_i'=ax_i$，其中 a 是恒定的）还可在第一种情况下得到 $c=\dfrac{1}{4}$，在第二种情况下得到 $c=-\dfrac{1}{4}$。

于是对于这三种情况，分别有

$$
\left.
\begin{array}{l}
A=\dfrac{1}{1+\dfrac{r^2}{4}}\ ;\ B=+1 \\[3ex]
A=\dfrac{1}{1-\dfrac{r^2}{4}}\ ;\ B=-1 \\[3ex]
A=1\ ;\ B=0
\end{array}
\right\}
\tag{3d}
$$

在球状情况下，单位空间（$G=1$）的"周长"是

$$\int_{-\infty}^{\infty}\frac{\mathrm{d}r}{1+\dfrac{r^2}{4}}=2\pi$$

单位空间的"半径"等于1。在所有这三种情况下，时间的函数 G 是（在空间截口测定的）两质点间距离随时间变化的量度。在球状的情况下，G 是在时刻 x_4 的空间半径。

摘要　理想化宇宙的空间各向同性假设引致度规：

$$\mathrm{d}s^2=\mathrm{d}x_4^2-G^2A^2(\mathrm{d}x_1^2+\mathrm{d}x_2^2+\mathrm{d}x_3^2)\tag{2}$$

其中 G 仅仅依赖于 x_4，A 仅仅依赖 $r^2(=x_1^2+x_2^2+x_3^2)$，并且

$$A=\frac{1}{1+\dfrac{z}{4}r^2}\tag{3}$$

而分别以 $z=1,z=-1$，与 $z=0$ 表示不同情况的特性。

场　方　程

现在必须进一步满足引力场方程，即不带有以前曾特地引入的"宇宙学项"的场方程：

$$\left(R_{ik} - \frac{1}{2}g_{ik}R\right) + \kappa T_{ik} = 0 \tag{4}$$

代入基于空间各向同性假设的度规表示式,计算后获得

$$
\left.
\begin{aligned}
R_{ik} - \frac{1}{2}g_{ik}R &= \left(\frac{z}{G^2} + \frac{G'^2}{G^2} + 2\frac{G''}{G^2}\right)GA\delta_{ik}\,(i,k=1,2,3) \\
R_{44} - \frac{1}{2}g_{44}R &= -3\left(\frac{z}{G^2} + \frac{G'^2}{G^2}\right) \\
R_{i4} - \frac{1}{2}g_{i4}R &= 0 \quad (i=1,2,3)
\end{aligned}
\right\} \tag{4a}
$$

此外关于"尘埃"的物质的能张量 T_{ik},有

$$T_{ik} = \rho\frac{\mathrm{d}x_i}{\mathrm{d}s}\frac{\mathrm{d}x_k}{\mathrm{d}s} \tag{4b}$$

物质沿着做运动的短程线是仅仅 x_4 沿着它变化的线;在它们上面 $\mathrm{d}x_4 = \mathrm{d}s$。有唯一不为零的分量

$$T^{44} = \rho \tag{4c}$$

降下指标,得到 T_{ik} 的唯一不化为零的分量

$$T_{44} = \rho \tag{4d}$$

考虑及此,场方程就成了

$$
\left.
\begin{aligned}
\frac{z}{G^2} + \frac{G'^2}{G^2} + 2\frac{G''}{G^2} &= 0 \\
\frac{z}{G^2} + \frac{G'^2}{G^2} - \frac{1}{3}\kappa\rho &= 0
\end{aligned}
\right\} \tag{5}
$$

$\dfrac{z}{G^2}$ 是空间截口 $x_4 =$ 恒量里的曲率。因为在所有的情况下,G 是两质点间度规距离作为时间函数的一个相对的量度,$\dfrac{G'}{G}$ 表示赫布耳膨胀。A 从方程里消去了;因为如果引力方程应具有所要求的对称形式的解,A 就不得不消去。将两个方程相减,得到

$$\frac{G''}{G} + \frac{1}{6}\kappa\rho = 0 \tag{5a}$$

因为 G 与 ρ 必须处处是正的,所以对于不化为零的 ρ,G'' 处处是负的。因此,$G(x_4)$ 既无极小值,又无拐点;此外,没有 G 是恒定的解。

空间曲率为零($z=0$)的特殊情况

密度 ρ 不化为零的最简单的特殊情况就是 $z=0$ 的情况，其中截口 $x_4=$ 恒量是不弯曲的。如果令 $\dfrac{G'}{G}=h$，则场方程在这个情况下是

$$\left.\begin{array}{r}2h'+3h^2=0\\[2mm]3h^2=\kappa\rho\end{array}\right\} \tag{5b}$$

第二个方程里给定的赫布耳膨胀 h 与平均密度 ρ 之间的关系，至少就数量级而论，在某种程度上是可和经验相比较的。对于 10^6 秒差距的距离，膨胀是每秒 432 千米。[1] 如果以我们所用的量度制（以厘米为长度单位，以光行一厘米的时间为时间单位）表示，便得

$$h=\frac{432\cdot10^5}{3.25\cdot10^6\cdot365\cdot24\cdot60\cdot60}\cdot\left(\frac{1}{3\cdot10^{10}}\right)^2=4.71\cdot10^{-28}。$$

因为参看（105a），还有 $\kappa=1.86\cdot10^{-27}$，由（5b）的第二个方程得

$$\rho=\frac{3h^2}{\kappa}=3.5\cdot10^{-28} \text{ 克一立方厘米}$$

按数量级，这个值约略符合于天文学家的估计（根据可看到的星与星系的质量与视差）。这里引用 G. C. 麦克维谛的话为例（《伦敦物理学会会报》第 51 卷，1939，第 537 页）：“平均密度肯定不超过 10^{-27} 克一立方厘米，而更可能的数量级是 10^{-29} 克一立方厘米。”

由于确定这个大小的巨大困难，我暂且就认为这样的符合是使人满意的。因为确定 h 这个量比较确定 ρ 更准确些，所以认为确定可观察的空间的构造要靠 ρ 的更精密的确定，这种看

---

[1] 按 1954 年的新数据，对于 10^6 秒差距的距离，这个恒量是每秒 174 千米。——俄文译本注。

法可能是不为过分的。因为,由于(5)的第二个方程,空间曲率在普遍情况下是

$$z G^{-2} = \frac{1}{3}\kappa\rho - h^2 \tag{5c}$$

所以如果方程的右边是正的,则空间具有正的恒曲率并因此是有限的;其大小可按和这个差值一样的准确程度来确定。如果右边是负的,空间就是无限的。目前 ρ 的确定还不足以使我们从这个关系式推求出不等于零的空间(截口 $x_4 =$ 恒量)的平均曲率。

如果不计空间曲率,适当地选取 x_4 的起点之后,(5c)的第一个方程就成了

$$h = \frac{2}{3} \cdot \frac{1}{x_4} \tag{6}$$

这个方程对于 $x_4 = 0$ 有奇异性,因此这样的空间或者具有负膨胀,而时间则往上受到 $x_4 = 0$ 一值的限制,或者它具有正膨胀,其存在由 $x_4 = 0$ 开始。后一情况符合于自然的现实。

我们由 h 的测定值获知宇宙到现在存在的时间是 1.5×10^9 年。这个年龄和根据坚实地壳中铀衰变所作的推算大致相同。这是一个有矛盾的结果,它由于好几个原因引起了关于理论有效性的怀疑。

现在发生一个问题:实际上忽略空间曲率的假定目前所造成的困难能否由于引入适当的空间曲率而消除?确定 G 对于时间依赖关系的(5)的第一个方程在这里是有用的。

方程在空间曲率不为零的情况下的解法

如果研究空间截口($x_4 =$ 恒量)的空间曲率,就有方程

$$\left. \begin{array}{l} z G^{-2} + \left[2\dfrac{G''}{G} + \left(\dfrac{G'}{G}\right)^2 \right] = 0 \\[2mm] z G^{-2} + \left(\dfrac{G'}{G}\right)^2 - \dfrac{1}{3}\kappa\rho = 0 \end{array} \right\} \tag{5}$$

$z=+1$ 时，曲率是正的，$z=-1$ 时，是负的。这些方程的第一个可以积分。先将它写成下列形式：

$$z+2GG''+G'^2=0 \tag{5d}$$

如将 $x_4(=t)$ 当作 G 的函数，便有

$$G'=\frac{1}{t'},\ G''=\left(\frac{1}{t'}\right)'\frac{1}{t'}$$

写 $u(G)$ 以代替 $\frac{1}{t'}$，得

$$z+2Guu'+u^2=0 \tag{5e}$$

或

$$z+(Gu^2)'=0 \tag{5f}$$

从此由简单的积分获得

$$zG+Gu^2=G_0 \tag{5g}$$

或由于令 $u=\frac{1}{\frac{dt}{dG}}=\frac{dG}{dt}$，有

$$\left(\frac{dG}{dt}\right)^2=\frac{G_0-zG}{G} \tag{5h}$$

其中 G_0 为恒量。如果取（5h）的微商并考虑到 G'' 由于（5a）的缘故是负的，则知这个恒量不会是负的。

（a）具有正曲率的空间。

G 留存在区间 $0\leqslant G\leqslant G_0$ 里。下面是从量上表示 G 的略图：

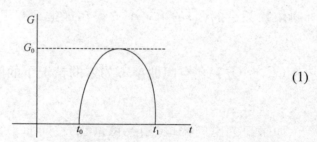

$$\tag{1}$$

半径 G 由 0 升至 G_0，然后再连续降到 0。空间截口是有限的（球状的）：

$$\frac{1}{3}\kappa\rho - h^2 > 0 \qquad (5c)$$

（b）具有负曲率的空间。

$$\left(\frac{\mathrm{d}G}{\mathrm{d}t}\right)^2 = \frac{G_0 + G}{G}$$

G 随 t 由 $G=0$ 向 $G=+\infty$ 增大（或从 $G=\infty$ 走到 $G=0$）。因此 $\dfrac{\mathrm{d}G}{\mathrm{d}t}$ 从 $+\infty$ 到 1 单调地减小,如略图所示:

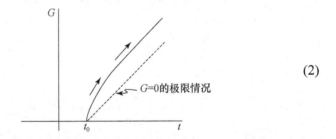

(2)

那么这是连续膨胀而无收缩的情况。空间截口是无限的,并有

$$\frac{1}{3}\kappa\rho - h^2 < 0 \qquad (5c)$$

上节所述平面空间截口的情况,按方程

$$\left(\frac{\mathrm{d}G}{\mathrm{d}t}\right)^2 = \frac{G_0}{G} \qquad (5h)$$

处于这两种情况之间。

附识　负曲率的情况包括 ρ 为零作为极限情况。在这种情况下,$\left(\dfrac{\mathrm{d}G}{\mathrm{d}t}\right)^2 = 1$（参看略图 2）。因为计算表明曲率张量等于零,所以这是欧几里得的情况。

ρ 不为零的负曲率情况愈来愈接近地趋于这个极限情况,于是随着时间的增加,空间结构便愈来愈在更小的程度上为包含在它里面的物质所确定。

从对曲率不为零的情况的这种研究,便可得出下述结论。对于每种（"空间的"）曲率不为零的情况,像在曲率为零的情况下一样,存在有 $G=0$ 的起始状态,相当于膨胀的开始。因此在这个截口上,密度为无限大而场是奇异的。引入这样新的奇异性,看来其本身是成问题的。[①]

此外,引入空间曲率对于从开始膨胀到降达某个确定值 $h = \dfrac{G'}{G}$ 的时间的影响似乎在数量级上是可以忽略的。用初等的计算可以从(5h)求得这个时间,这里略去不论。现在限于考虑 ρ 为零的膨胀空间。上面说过,这是负空间曲率的一种特殊情况。由(5)的第二个方程有(考虑到第一项的反号)

$$G' = 1$$

于是(对于适当的 x_4 的起始点)。

$$G = x_4$$

$$h = \frac{G'}{G} = \frac{1}{x_4} \cdots \tag{6a}$$

因此对于膨胀时间,除了数量级为 1 的因子而外,这个极端情况产生的结果像空间曲率为零的情况一样[参看方程(6)]。

因此引入空间曲率并不能消去涉及方程(6)时提到的疑问,就是对于目前能够观测的星与星系的发展,它曾给出那样非常短促的时间。

上述研究的扩展:按有静止质量的物质推广方程

直到现在,在所有得到的解里总存在着系的一个状态,在这个状态下度规有奇异性($G = 0$)而密度为无限大。于是发生这样的问题:这种奇异性的产生是否可能由于我们考虑物质时将它当作了不抵抗凝聚的尘埃?我们曾否忽略了单独星体无规运动的影响而未加论证?

————————

① 然而应注意如下的情形:目前相对论的引力理论是以区分"引力场",与"物质"两概念为基础的,不无理由的看法是,由于这个原因使理论不能适用于很高的物质密度。很可能在一种统一理论里就不致出现奇异性了。

例如可将尘埃的状态由微粒彼此保持相对静止换成彼此相对做无规运动,像气体分子一样。这样的物质会抵抗绝热的凝聚,且抵抗随凝聚而加强。如此能否防止无限凝聚的发生? 下面将指出:在物质描述上的这种修正丝毫不能改变上面那些解的主要特性。

按狭义相对论处理的“粒子气”

考虑质量为 m 并做平行运动的一群粒子。用适当的变换就可以认为这个群是静止的。于是粒子的空间密度 σ 在洛伦兹的意义上是不变的。对于任意的洛伦兹系,

$$T^{\mu\nu} = m\sigma \frac{\mathrm{d}x^u}{\mathrm{d}s} \frac{\mathrm{d}x^v}{\mathrm{d}s} \tag{7}$$

具有不变的意义(群的能张量)。如果有许多这样的群,用求和法,对于其全体就有

$$T^{\mu\nu} = m \sum_p \sigma p \left(\frac{\mathrm{d}x^u}{\mathrm{d}s}\right)_p \left(\frac{\mathrm{d}x^v}{\mathrm{d}s}\right)_p \tag{7a}$$

关于这个形式,可以选择洛伦兹系的时间轴;使 $T^{14} = T^{24} = T^{34} = 0$。由系的空间转动还可获得了 $T^{12} = T^{23} = T^{31} = 0$。再设粒子气是各向同性的。这意味着 $T^{11} = T^{22} = T^{33} = p$。这和 $T^{44} = u$ 一样,都是不变量。这样便将不变量

$$\mathscr{F} = T^{\mu\nu} g_{\mu\nu} = T^{44} - (T^{11} + T^{22} + T^{33}) = u - 3p \tag{7b}$$

用 u 与 p 来表示。

由 $T^{\mu\nu}$ 的表示式可知 T^{11}, T^{22}, T^{33} 与 T^{44} 都是正的;因而 $T_{11}, T_{22}, T_{33}, T_{44}$ 也同样都是正的。

于是引力方程成了

$$\left. \begin{array}{c} 1 + 2GG'' + G^2 + \kappa T_{11} = 0 \\ -3G^{-2}(1 + G'^2) + \kappa T_{44} = 0 \end{array} \right\} \tag{8}$$

由第一个方程可知在这里(因为 $T_{11} > 0$)G^{11} 也总是负的,而对

于既定的 G 与 G', 含 T_{11} 的项只会减小 G'' 的值。

由此看到：考虑质点的无规相对运动并未从根本上改变我们的结果。

综述与其他附识

1. 虽然按相对论的观点有可能将"宇宙论项"引入引力方程，但从合逻辑的简约着眼却应当放弃。如弗利德曼所首先指出的，倘若容许两质点的度规距离随时间变化，就可使处处有限的物质密度和引力方程的原有形式相调协。[①]

2. 仅仅作宇宙在空间上各向同性的要求就会引致弗利德曼的形式。因此它无疑是适合宇宙论问题的普遍形式。

3. 不计空间曲率的影响，可获知平均密度与赫布耳膨胀之间的关系，就数量级而言，这已为经验所证实。

此外关于从膨胀开始到现在的时间，获得的值按数量级是 10^9 年。这个时间的短促和恒星发展的理论是不符的。

4. 后一结果没有因为引入空间曲率而改变；考虑星以及星系彼此间相对的无规运动也未使其改变。

5. 有人试图对于赫布耳的光谱线移动采用多普勒效应之外的其他解释。可是已知的物理事实并不支持这样的观念。按照这种假设就可能用刚性量杆连接 S_1 与 S_2 两个星体。如果沿着杆的光的波长数在途中随时间变化，则由 S_1 发送到 S_2 并反射回来的单色光将以不同的频率（用 S_1 上的时计测定）返达 S_1。这意味着各地点测得的光速依赖于时间，这甚至和狭义相对论也是相抵触的。此外须注意，不断在 S_1 与 S_2 间往复的光讯号将形成一只"时计"，而它却不能和在 S_1 的时计（例如原子时计）保持

---

① 假使赫布耳的膨胀发现于广义相对论建立的时期，就决不致引入宇宙论项。现在看来，将这样一项引入场方程里是更缺乏理由的，因为它的引入失却了原有的唯一根据，就是导致宇宙论问题的自然解法。

恒定的关系。这将意味着不存在有相对性意义的度规。这不仅会使人们失去对于相对论所建立的一切关系的理解，而且这也不能符合于这样的事实，即某些原子论形式并非以"相似性"而是以"全等性"相关联的（锐光谱线，原子体积等的存在）。

可是以上的讨论是以波动说为基础的，也许上述假设的某些倡议者会设想光的膨胀过程根本不合于波动说，而多少类似于康普顿效应的情形。设想这种没有散射的过程就形成了一种假设，这种假设还不能按目前知识的观点来证实它是对的。它也不能解释频率的相对移动为何和原来的频率无关。因此不得不将赫布耳的发现看成星系的膨胀。

6. 关于"宇宙的起始"（膨胀开始）大约只在 10^9 年前的假定，对它的怀疑有经验与理论两重性质的根源。天文学家倾向于将不同光谱类型的星作为根据均匀发展过程所进行的年龄分类，这种过程所需要的时间远较 10^9 年长久。因此这样的理论实际上和相对论方程所指出的推论相矛盾。可是依我看来，星体的进化论建立的基础比场方程的脆弱。

理论上的怀疑所根据的事实是，膨胀起始时，度规成为奇异的而密度 ρ 成了无限大。关于这一点，应注意下述情形：目前相对论的依据是，把物理现实分为以度规场（引力）为一方面，而以电磁场与物质为另一方面。实际上空间可能有均匀的特性，而目前的理论可能只作为极限情况才有效。对于很大的场的密度与物质的密度，场方程甚至出现于其中的场变量就都不会有真实意义。所以不得假定方程对于很高的场的密度与物质的密度仍然有效，也不得断定"膨胀的起始"必须意味着数学意义上的奇异性。总之需要认清方程不得推广到这样的区域去。

然而这种考虑并不改变如下的事实，就是按目前存在的星与星系的发展观点，"宇宙的起始"真正构成这样的开端，当时那些星与星系还没有作为单独的东西而存在。

7. 可是有一些经验上的论据有利于理论所需的动力空间观。虽然铀分解得比较快，而且也看不出有创造铀的可能，为何仍然有铀存在？为何空间没有充满了辐射，使夜间的天空看起来像灼热的表面呢？这是一个老问题，按稳定的宇宙观点还至今没有找到令人满意的答案。然而研究这类问题就会走得过于遥远了。

8. 根据所说的这些理由，看来我们还要不顾"寿命"的短促，认真对待膨胀宇宙的观念。如果这样，主要问题就成了空间到底具有正的还是负的空间曲率。关于这一点还想给以如下的讨论。

根据经验的观点，要作出的决定归根到底无非是表示式 $\frac{1}{3}\kappa\rho - h^2$ 的值是正的（球状情况）还是负的（赝球状情况）的问题。依我看，这是最重要的问题。按目前天文学的状况，看来根据经验的判断不是不可能的。由于 h（赫布耳膨胀恒量）有比较公认的值，一切就依靠以最高可能的准确度测定 ρ。

作出宇宙为球状的证明是可以想象的（难于想象能证明它是赝球状的）。这关系到人们总能给出 ρ 的下界而不能给出上界的事实。情形所以是这样，因为关于 ρ 究竟有多大一部分属于天文上无从观测的（无辐射的）质量，还难于提出意见。我想将这一点讨论得稍为详细些。

只考虑辐射星体的质量就可以给出 ρ 的一个下界 ρ_s。如果看起来 $\rho_s > \frac{3h^2}{\kappa}$，就会作出赞成球状空间的判断。如果看起来 $\rho_s < \frac{3h^2}{\kappa}$，就有必要试图确定无辐射质量的部分 ρ_d。现在要证明我们也能求得 $\frac{\rho_d}{\rho_s}$ 的一个下界。

设想一天文对象，包含许多单独的星并可足够准确地当作稳定的体系，例如球形星团（具有已知视差）。可由光谱观测获得的速度能确定引力场（在似乎合理的假定下），于是也就能计算产生这个场的质量。可以将这样算得的质量和星团中看得见的星的质量相比较，这样至少对于产生场的质量究竟超过星团中看得见的星的质量到什么程度,会获得一个粗略的概算。于是对于这个特殊的星团,就得到关于 $\dfrac{\rho_d}{\rho_s}$ 的估计。

由于无辐射的星平均比辐射的星小,它们和星团中的星所起的相互作用使得它们,和较大的星相比,平均倾向于较高的速度。所以和较大的星相比,它们会更快地由星团中向外"蒸发"。因此可以期待星团内部小天体的相对数量会比较外部的小。所以可将 $\left(\dfrac{\rho_d}{\rho_s}\right)_k$(上述星团中的密度关系)当作整个空间里密度比 $\dfrac{\rho_d}{\rho_s}$ 的一个下界。于是获得

$$p_s\left[1+\left(\frac{\rho_d}{\rho_s}\right)_k\right]$$

作为空间质量的全部平均密度的一个下界。如果这个量大于 $\dfrac{3h^2}{k}$,就可以断定空间具有球状特性。另一方面,我还想不出任何相当可靠的方法来确定 ρ 的一个上界。

9. 最后的但不是最不重要的问题:宇宙的年龄,按这里所用的意义,当然必须超过由放射矿物推断的坚实地壳的年龄。因为由这些矿物确定年龄在各方面都是可靠的,所以如果发现这里提出的宇宙学理论和任何这类结果相抵触,它就被推翻了。在这种情况下,我看不到合理的解答。

爱因斯坦的父亲赫尔曼·爱因斯坦(Hermann Einstein),心地善良,喜欢德国文学。

附录 II

非对称场的相对论性理论

· *Appendix II. Relativistic Theory of the Non-Symmetric Field* **·**

广义相对论逻辑形式严谨雅致，囊括内容丰富新颖。它把牛顿引力理论和狭义相对论作为极限或特例包容其中，它揭示了时空和物理客体的密切关联。诚如玻恩所言："广义相对论是人类认识大自然的最伟大的成果，它把哲学的深奥、物理学的直观和数学的技艺令人惊叹地结合在一起。它也是一件伟大的艺术品，供人远远欣赏和赞美"。

开始进入本题之前，我打算首先讨论一般场方程组的"强度"。这个讨论具有本质意义，全然不限于这里提出的特殊理论。可是为了更深刻地理解我们的问题，这样的讨论几乎是必不可少的。

论场方程组的"相容性"与"强度"

给定某些场变量和关于它们的一组场方程，后者一般并不完全确定场。关于场方程的解，还留下某些自由的数据。符合场方程组的自由数据的个数愈小，方程组愈"强"。显然如果没有任何其他选择方程的论点，则宁愿选取较"强"的方程组而舍弃弱的。我们的目的是为方程组的强度寻求一种量度。将会看到，下这种量度的定义时，甚至可使我们在场变量的个数与类别都不相同的情形下还能互相比较方程组的强度。

现在用渐趋复杂的例子来介绍这里所牵涉的概念与方法，限制于四维的场，并在举例过程中逐步引入相关的概念。

例一　标量波动方程。[①]

$$\phi_{,11} + \phi_{,22} + \phi_{,33} - \phi_{,44} = 0$$

此处方程组只由一个场变量的一个微分方程组成。假定在一点 P 的领域将 ϕ 展开成泰勒级数（预设 ϕ 的解析特性）。于是其全部系数完全描述了函数。n 阶系数（就是 ϕ 在 P 点的 n 阶导数）的个数等于 $\dfrac{4 \cdot 5 \cdots (n+3)}{1 \cdot 2 \cdots n}$ （简写成 $\binom{4}{n}$），并且如果微分方程没

◀1889 年，慕尼黑卢伊波尔德中学的合影。52 个男孩中只有爱因斯坦勉强露出一丝笑容（第一排右三）。

---

① 以下逗号总是表示偏微商；因此，例如 $\phi_{,i} = \dfrac{\partial \phi}{\partial x^i}$，$\phi_{,11} = \dfrac{\partial^2 \phi}{\partial x^1 \partial x^1}$ 等等。

有包含这些系数间的某些关系，就可以自由地选取所有的系数。由于方程是二阶的，将方程微分 $(n-2)$ 次便求出这类关系式。于是为 n 阶系数求得 $\binom{4}{n-2}$ 个条件。所以保持自由的 n 阶系数的个数是

$$z = \binom{4}{n} - \binom{4}{n-2} \tag{1}$$

这个数对于任何 n 都是正的。因此如果确定了所有小于 n 的各阶自由系数，则不必改变已选定的系数，总能满足 n 阶系数的条件。

类似推理可应用于几个方程组成的方程组。如果自由的 n 阶系数的个数不小于零，便称方程组为绝对相容的。今后将限于这样的方程组．我所知道的所有物理学里用到的方程组都属于这一类。

现在重新写方程（1）。我们有

$$\binom{4}{n-2} = \binom{4}{n} \frac{(n-1)n}{(n+2)(n+3)} = \binom{4}{n} \left(1 - \frac{z_1}{n} + \frac{z_2}{n^2} \cdots + \cdots\right)$$

其中 $z_1 = +6$。

如果把 n 限于很大的值，就可以不计括弧里的 $\frac{z_2}{n^2}$ 等项，于是对于（1）便渐近地有

$$z = \binom{4}{n} \frac{z_1}{n} = \binom{4}{n} \frac{6}{n} \tag{1a}$$

我们称 z_1 为"自由系数"，在我们的情况下的值是 6。这个系数愈大，相应的方程组便愈弱。

例二　空虚空间的麦克斯韦方程。

$$\phi^{is}_{,s} = 0; \phi_{ik,l} + \phi_{kl,i} + \phi_{li,k} = 0$$

借助于

$$\eta^{ik} = \begin{bmatrix} -1 & & & \\ & -1 & & \\ & & -1 & \\ & & & +1 \end{bmatrix}$$

提升反对称张量 ϕ_{ik} 的协变指标,便得 ϕ^{ik}。

这里有 4+4 个关于六个场变量的场方程。这八个方程中间存在两个恒等式。如果分别以 G^i 与 H_{ikl} 表示场方程的左边,恒等式便有形式

$$G^i_{,i} \equiv 0; \quad H_{ikl,m} - H_{klm,i} + H_{lmi,k} - H_{mik,l} = 0$$

关于这个情况,作如下推理。

六个场分量的泰勒展开式供给

$$6 \binom{4}{n}$$

个 n 阶的系数。将八个一阶场方程微分 $(n-1)$ 次,便得到这些 n 阶系所必须满足的条件。所以这些条件的个数是

$$8 \binom{4}{n-1}$$

可是这些条件并不彼此独立,因为在八个方程中间存在两个二阶恒等式。将它们微分 $(n-2)$ 次,便在从场方程得到的条件中间产生了

$$2 \binom{4}{n-2}$$

个代数恒等式。于是 n 阶自由系数的个数是

$$z = 6 \binom{4}{n} - \left[8 \binom{4}{n-1} - 2 \binom{4}{n-2} \right]$$

z 对于所有的 n 都是正的。因此方程组是“绝对相容的”。如果在右边提取因子 $\binom{4}{n}$ 并像上面一样对于很大的 n 展开,就渐近地有

$$Z = \binom{4}{n}\left[6 - 8\,\frac{n}{n+3} + 2\,\frac{(n-1)n}{(n+2)(n+3)}\right]$$

$$\sim \binom{4}{n}\left[6 - 8\left(1 - \frac{3}{n}\right) + 2\left(1 - \frac{6}{n}\right)\right]$$

$$\sim \binom{4}{n}\left[0 + \frac{12}{n}\right]$$

于是,在这里 $z_1 = 12$。这表示这个方程组确定场不及标量波动方程的情况里($z_1 = 6$)。那样强,并且还表示相差到什么程度。括弧里的常数项在这两种情况下都等于零,达表明一个事实,即所涉及的方程组不会让四个变量的任何函数自由。

例三 空虚空间的引力方程。

将它们写成如下的形式:

$$R_{ik} = 0;\, gik,l - g_sk\Gamma_{il}^s - gis\Gamma_{lk}^s = 0。$$

R_{ik} 只含 Γ,并且对于它们是一阶的。我们在这里将 g 与 Γ 当作独立的场变量。第二个方程表明将 Γ 当作一阶微商的量是适宜的,这意味着将泰勒展开式

$$\Gamma = \underset{0}{\Gamma} + \underset{1}{\Gamma_s}x^s + \underset{2}{\Gamma_{st}}x^sx^t + \cdots$$

里面的 $\underset{0}{\Gamma}$ 当作是一阶的,$\underset{1}{\Gamma_s}$ 是二阶的,等等。于是必须将 R_{ik} 当作是二阶的。这些方程之间存在四个边齐恒等式;作为所取约定的推断,应将它们当作是三阶的。

在一般地协变的方程组里出现了新的情况:仅由坐标变换而互相形成的场应当只认为是同一个场的不同表示。这个情况对于自由系数的正确计数是很重要的。因此 g_{ik} 的

$$10\binom{4}{n}$$

个 n 阶系数里只有一部分是用来表示根本不同的场的特性的。所以实际确定场的展开系数应减少相当的个数,现在必须计算出来。

在 g_{ik} 的变换律

$$g_{ik}^* = \frac{\partial x^a}{\partial x^{i*}} \frac{\partial x^b}{\partial x^{k*}} g_{ab}$$

里，g_{ab} 与 g_{ik}^* 事实上代表同一个场。如果将这个方程对于 x^* 微分 n 次，就会注意到四个函数 x 对于 x^* 的所有 $(n+1)$ 阶导数都出现在 g^* 的展开式的 n 阶系数里；就是说，有 $4\binom{4}{n+1}$ 个数对于表示场的特性是没有份的。因此在任何广义相对论的理论里，为了考虑到理论的普遍协变性，必须从 n 阶系数的总数里减去 $4\binom{4}{n+1}$。于是关于 n 阶自由系数的计数就有下述结果。

由十个 g_{ik}（零阶微商的量）与四十个 Γ_{ik}^l（一阶微商的量）并鉴于刚才得到的修正，便产生

$$10\binom{4}{n} + 40\binom{4}{n-1} - 4\binom{4}{n+1}$$

个有关的 n 阶系数。场方程（10 个二阶的与 40 个一阶的）供给它们

$$N = 10\binom{4}{n-2} + 40\binom{4}{n-1}$$

个条件。可是必须从这个数里减去这 N 个条件中恒等式的个数

$$4\binom{4}{n-3}$$

这些恒等式是由边齐恒等式（三阶的）得来的。因此在这里求得

$$z = \left[10\binom{4}{n} + 40\binom{4}{n-1} - 4\binom{4}{n+1} \right]$$
$$- \left[10\binom{4}{n-2} + 40\binom{4}{n-1} \right] + 4\binom{4}{n-3}$$

再提出因子 $\binom{4}{n}$，便对于很大的 n 渐近地有

$$z = \binom{4}{n} \left[0 + \frac{12}{n} \right], \text{于是 } z_1 = 12$$

在这里 z 对于所有的 n 也都是正的, 所以就上面所下定义的意义而论, 方程组是绝对相容的。空虚空间的引力方程在确定场的强度上恰巧和电磁场情况下的麦克斯韦方程一样, 这是令人惊异的。

相对论性的场论

一 般 评 述

广义相对论使物理学没有需要引入"惯性系"(或诸多惯性系), 这就是它的主要成就。这个观念[①]之所以不能令人满意是由于下面的缘故: 它从所有可想到的坐标系中间挑选出某一些来而缺乏任何较深厚的基础。于是假定物理定律(例如惯性定律与光速恒定定律)只对于这类惯性系是有效的。因此由于在物理学体系里所指派给这种空间的任务, 使它显得和物理描述的所有其他要素不同。它在所有的过程中居于有决定性的地位, 它却不受这些过程的影响。虽然这样一种理论在逻辑上是可能的, 另一方面却颇不能令人满意。牛顿曾经充分觉察到这个缺点, 可是他也清楚地了解当时在物理学上没有其他的途径。后来物理学家中尤其是恩斯特·马赫, 集中注意到这个问题。

在牛顿后的物理学基础的发展中有哪些革新使得胜过惯性系观念成为可能的呢? 首先是由法拉第与麦克斯韦的电磁理论, 并跟着这个理论之后, 引入场的概念, 或者说得更确切些, 是引入场作为独立而不可再简化的基本概念。就目前可能判断的

①　指引入惯性系。——中文译本编者注。

而论,只能将广义相对论看成一种场论。如果坚持一种看法,认为实在世界是由在相互作用力影响下做运动的质点组成的,则广义相对论就难于成长。假使有人试图根据等效原理向牛顿解说惯性质量与引力质量的相等,他势必不得不以如下的反对意见作答:相对于加速坐标系,物体诚然都经受相同的加速度,就像它们在接近有引力的天体的表面时都经受相同的相对于该天体的加速度一样。但是在前一情况下,产生加速度的质量在哪里呢?相对论显然预设了场的概念的独立性。

使广义相对论得以建立起来的数学知识全赖高斯与黎曼的几何研究。高斯在他的曲面理论里研究了包藏在三维欧几里得空间里的曲面的度规性质,他曾经证明这些性质能用某些概念来描述,这类概念只涉及曲面本身而不涉及它和包藏它的空间的关系。因为一般地说,在曲面上并不存在优越的坐标系,所以这种研究初次导致用通用坐标表示有关的量。黎曼将这种二维曲面理论推广到任意维数的空间(具有黎曼度规的空间,度规的特性以二阶对称张量场表示)。他在这令人钦佩的研究中求得了高维度规空间里曲率的普遍表示式。

刚才所述创立广义相对论所需要的基本数学理论的发展曾有这样的结果,就是起初将黎曼度规当作广义相对论,因而也当作避免惯性系,所根据的基础概念。可是后来利威·契韦塔正确地指出:使避免惯性系成为可能的理论要点不如说是无限小位移场 Γ_{ik}^{l}。度规或确定它的对称张量场 g_{ik},就确定位移场而言,只是间接和惯性系的避免有关。下面的讨论将会弄清这一点。

从一个惯性系到另一个的过渡是以(特种的)线性变换来确定的。如果在任意隔开的两点 P_1 与 P_2 分别有两个矢量 $\underset{1}{A^i}$ 与 $\underset{2}{A^i}$,其对应分量彼此相等($\underset{1}{A^i}=\underset{2}{A^i}$),则在可允许的变换下这个关系是保持了的。倘使在变换公式

$$A^{i^*}=\frac{\partial x^{i^*}}{\partial x^{\alpha}}A^{\alpha}$$

里,系数 $\dfrac{\partial x^{i^*}}{\partial x^a}$ 和 x^a 无关,矢量分量的变换公式便和位置无关。

如果限于惯性系,则在不同点 P_1 与 P_2 的两个矢量分量的相等是不变关系。可是如果抛弃惯性系的概念,因而容许任意连续的坐标变换,以致 $\dfrac{\partial x^{i^*}}{\partial x^a}$ 依赖于 x^a,则属于空间不同两点的两个矢量分量的相等便失却其不变意义,于是就不再能直接比较在不同点的矢量。由于这个事实,在一种广义相对论的理论里便不能再用简单的微分法从既定的张量形成新张量,并且在这样一种理论里,不变量的形成总起来就少得多了。这种缺乏是由引用无限小位移场来补偿的。正因为它使得在无限接近点的矢量有比较的可能,便让它代替惯性系。下面将从这个概念出发介绍相对论性的场论,注意除去任何对于我们的意图而言是不必要的东西。

无限小位移场 Γ

设 P 点(坐标 x^i)的反变矢 A^i 和在无限接近点($x^i + \mathrm{d}x^i$)的矢量 $A^i + \delta A^i$ 是由双线性表示式

$$\delta A^i = -\Gamma^i_{st} A^s \mathrm{d}x^t \tag{2}$$

关联起来的,其中 Γ 是 x 的函数。另一方面,如果 A 是矢量场,则(A^i)在点($x^i + \mathrm{d}x^i$)的分量等于 $A^i + \mathrm{d}A^i$,其中[①]

$$\mathrm{d}A^i = A^i_{,t} \mathrm{d}x^t$$

于是在邻近点($x^i + \mathrm{d}x^i$),这两个矢量之差本身是矢量

$$(A^i_{,t} + A^s \Gamma^i_{st}) \mathrm{d}x^t \equiv A^i_{;t} \mathrm{d}x^t$$

把矢量场在无限接近两点的分量联络起来。由于位移场体现了原先由惯性系供给的这种联络,就让它代替惯性系。括弧里的

---

① 和以前一样,",t"表示寻常微商 $\dfrac{\partial}{\partial x^t}$。

式子是张量，简写成 A_l^i。

A_l^i 的张量特性确定 Γ 的变换律。首先有

$$A_k^{i^*} = \frac{\partial x^{i^*}}{\partial x^i} \frac{\partial x^k}{\partial x^{k^*}} A_k^i$$

在两个坐标系里使用同样的指标并不意味着它指的是相应的分量，即在 x 与在 x^* 里的 i 独立地取由 1 到 4 的标号。通过一些练习便感到这种写法使方程明晰得多。现在将 $A_{,k}^{i^*}$ 换成 $A_{,k^*}^{i^*} + A^{s^*} \Gamma_{sk}^{i^*}$，将 A_k^i 换成 $A_{,k}^i + A^s \Gamma_{sk}^i$，再将 A^{i^*} 换成 $\frac{\partial x^{i^*}}{\partial x^i} A^i$，将 $\frac{\partial}{\partial x^{k^*}}$ 换成 $\frac{\partial x^k}{\partial x^{k^*}} \frac{\partial x}{\partial x^k}$。这样就得到一个方程。除了 Γ^* 之外，这个方程只含原系的场量与它们对于原系里 x 的导数。解方程以求 Γ^*，便获得所需的变换公式

$$\Gamma_{kl}^{i^*} = \frac{\partial x^{i^*}}{\partial x^i} \frac{\partial x^k}{\partial x^{k^*}} \frac{\partial x^l}{\partial x^{l^*}} \Gamma_{kl}^i - \frac{\partial^2 x^{i^*}}{\partial x^s \partial x^t} \frac{\partial x^s}{\partial x^{k^*}} \frac{\partial x^t}{\partial x^{l^*}} \tag{3}$$

其中右边第二项可以略为化简：

$$-\frac{\partial^2 x^{i^*}}{\partial x^s \partial x^t} \frac{\partial x^s}{\partial x^{k^*}} \frac{\partial x^t}{\partial x^{l^*}}$$

$$= -\frac{\partial}{\partial x^{l^*}}\left(\frac{\partial x^{i^*}}{\partial x^s}\right)\frac{\partial x^s}{\partial x^{k^*}} = -\frac{\partial}{\partial x^{l^*}}\left(\frac{\partial x^{i^*}}{\partial x^{k^*}}\right) + \frac{\partial x^{i^*}}{\partial x^s} \frac{\partial^2 x^s}{\partial x^{k^*} \partial x^{l^*}}$$

$$= \frac{\partial x^{i^*}}{\partial x^s} \frac{\partial^2 x^s}{\partial x^{k^*} \partial x^{l^*}}$$

$$\tag{3a}$$

我们称这样的量为赝张量。在线性变换下，它变换得像张量一样；然而对于非线性变换，就需要增加一项，这一项不包含受变换的式子，却只依赖于变换系数。

关于位移场的附识。

1. 将下标易位所获得的量 $\widetilde{\Gamma}^i kl (\equiv \Gamma_{lk}^i)$ 也按照（3）变换，因此同样是位移场。

2. 使方程（3）对手下标 k^*, l^* 成为对称或反对称，便得到

两个方程

$$\Gamma_{kl}^{i\,*}\left(=\frac{1}{2}(\Gamma_{kl}^{i\,*}+\Gamma_{lk}^{i\,*})\right)$$

$$=\frac{\partial x^{i\,*}}{\partial x^{i}}\frac{\partial x^{k}}{\partial x^{k\,*}}\frac{\partial x^{l}}{\partial x^{l\,*}}\Gamma_{kl}^{i\,*}-\frac{\partial^{2}x^{i\,*}}{\partial x^{s}\partial x^{t}}\frac{\partial x^{s}}{\partial x^{k\,*}}\frac{\partial x^{t}}{\partial x^{l\,*}}$$

$$\Gamma_{kl}^{i\,*}\left(=\frac{1}{2}(\Gamma_{kl}^{i\,*}-\Gamma_{lk}^{i\,*})\right)=\frac{\partial x^{i\,*}}{\partial x^{i}}\frac{\partial x^{k}}{\partial x^{k\,*}}\frac{\partial x^{l}}{\partial x^{l\,*}}\Gamma_{kl}^{i}$$

所以 Γ_{kl}^{i} 的两个（对称的与反对称的）成分变换时彼此独立，即不相混合。因此按变换律的观点，它们表现为独立的量。第二个方程表明 Γ_{kl}^{i} 变换得像张量。所以从变换群的观点看来，好像起初将这两个成分相加而合成单一的量是不自然的。

3. 另一方面，Γ 的两个下标在定义方程（2）里有着全然不同的地位，因此没有强制的理由用对于下标对称的条件来限制 Γ。然而倘使真这样做，就会导致纯粹引力场的理论。可是如果不让 Γ 接受限制性的对称条件；就会获致依我看来是引力定律的自然推广。

曲 率 张 量

虽然 Γ 场本身并没有张量特性，它却暗示着一个张量的存在。最容易获得这个张量的办法是按照（2）将矢量 A^{i} 沿无限小的二维面元素的周界移动并计算其一周的变化。这个变化具有矢量特性。

设 x_{0}^{t} 是周界上一个固定点的坐标而 x^{t} 是上面另一点的坐标。于是 $\xi^{t}=x^{t}-x_{0}^{t}$ 对于周界上所有的点都是微小的，并且可用来当作数量级的定义基础。

于是按更明显的写法，要计算的积分中 $\oint \delta A^{i}$ 就是

$$-\oint\Gamma_{st}^{i}A^{s}\mathrm{d}x^{t}\ \text{或}\ -\oint\Gamma_{st}^{i}A^{s}\mathrm{d}\xi^{t}$$

在被积函数里的量下面的横线表示应按周界上相继的各点（而不是按起始点 $\xi^t = 0$）取它们的值。

　　首先按最低的近似程度计算 $\underline{A^i}$ 在周界上任意点 ξ^t 的值。现在就经历敞开路线计算的积分里将 $\underline{\Gamma^i_{st}}$ 与 $\underline{A^s}$ 代之以 Γ^i_{st} 与 A^s 在积分起始点（$\xi^t = 0$）的值，便获得这种最低的近似值。于是由积分得到

$$\underline{A^i} = A^i - \Gamma^i_{st} A^s \int d\underline{\xi^t} = A^i - \Gamma^i_{st} A^s \xi^t$$

这里略去不计的是 ξ 的二阶或高阶项。立即又以同样的近似程度获得

$$\underline{\Gamma^i_{st}} = \Gamma^i_{st} + \Gamma^i_{st,r} \xi^r$$

将这些表示式代入上面的积分，适当选取连加指标，便首先有

$$-\oint (\Gamma^i_{st} + \Gamma^i_{st,q} \xi^q)(A^s - \Gamma^s_{pq} A^p \xi^q) d\xi^t$$

其中除了 ξ 之外，所有的量都须按积分起始点取值。然后求得

$$-\Gamma^i_{st} A^s \oint d\xi^t - \Gamma^i_{st,q} A^s \oint \xi^q d\xi^t + \Gamma^i_{st} \Gamma^s_{pq} A^p \oint \xi^q d\xi^t$$

其中各个积分都是经历闭合周界计算的。（第一项等于零，因为它的积分等于零。）和 $(\xi)^2$ 成比例的一项是高阶的，所以略去。其他两项可合并成

$$[-\Gamma^i_{st,q} + \Gamma^i_{st} \Gamma^s_{pq}] A^p \oint \xi^q d\xi^t$$

这就是矢量 A^i 沿周界移动后的变化 ΔA^i。我们有

$$\oint \xi^q d\xi^t = \oint d(\xi^q \xi^t) - \oint \xi^t d\xi^q = -\oint \xi^t d\xi^q$$

因此这个积分按 t 与 q 是反对称的，此外它有张量特性。用 $f\overset{tq}{V}$ 表示它。如果 f^{tq} 是任意的张量，则 ΔA^i 的矢量特性就意味着往上倒数第二个公式方括号里的式子的张量特性。既然如此，只有使括号里的式子对于 t 与 q 反对称，才能推断它的张量特性。这样就有曲率张量

$$R^i_{klm} \equiv \Gamma^i_{kl,m} - \Gamma^i_{km,l} - \Gamma^i_{sl} \Gamma^s_{km} + \Gamma^i_{sm} \Gamma^s_{kl} \qquad (4)$$

所有指标的位置就由此确定。按 i 与 m 降秩，得到降秩曲率张量

$$R_{ik} \equiv \Gamma_{ik,s}^{s} - \Gamma_{is,k}^{s} - \Gamma_{it}^{s}\Gamma_{sk}^{t} + \Gamma_{ik}^{s}\Gamma_{st}^{t} \tag{4a}$$

λ 变 换

曲率有一种性质，在以后很重要。可以对于位移场 Γ 按下列公式对 Γ^* 下新的定义：

$$\Gamma_{ik}^{l*} = \Gamma_{ik}^{l} + \delta_i^l\lambda_{,k} \tag{5}$$

其中 λ 是坐标的任意函数，而 δ_i^l 是克罗内克尔张量（"λ 变换"）。如果形成 $R_{klm}^i(\Gamma^*)$ 而将 Γ^* 换成（5）的右边，λ 消去了，所以有

与

$$\left.\begin{array}{l} R_{klm}^i(\Gamma*) = R_{klm}^i(\Gamma) \\ R_{ik}(\Gamma*) = R_{ik}(\Gamma) \end{array}\right\} \tag{6}$$

曲率在 λ 变换下是不变的（"λ 不变性"）。因此只在曲率张量里含有 Γ 的理论不能完全确定 Γ 场，而只确定到保持任意的函数 λ。在这样的理论里，应认为 Γ 与 Γ^* 都在表示同一个场，就像 Γ^* 只是用坐标变换从 Γ 得来的一样。

值得注意的是和坐标变换相反，λ 变换从对于 i 与 k 对称的 Γ 产生出不对称的 Γ^*。Γ 的对称条件在这样的理论里失去了客观意义。

以后将看到，λ 不变性的主要意义在于它对于场方程组的"强度"有影响。

"易位不变性"的要求

非对称场的引入遭遇如下的困难。如果 Γ_{ik}^l 是位移场，则 $\tilde{\Gamma}_{ik}^l(=\Gamma_{ki}^l)$ 也是。如果 gik 是张量，则 $\tilde{g}ik(=gki)$ 也是。结果

使大量协变的形成不能单独按相对性原理从中进行选择。现在举例说明这个困难并指出它如何能按自然的方式加以克服。

在对称场的理论里，张量

$$(W_{ikl} \equiv) gik, \quad l - g_{sk}\Gamma^s_{il} - g_{is}\Gamma^s_{lk}$$

占着重要地位。如果设它等于零，就得到一个方程，这个方程容许用 g 表示 Γ，即能消去 Γ。从下列事实出发：（1）如早先所证，$A^l_t \equiv A^i_{,t} + A^s\Gamma^i_{st}$ 是张量，（2）任意反变张量都能以形式 $\sum_t A^i_{(t)} B^k_{(t)}$ 表示；不难证明上面的表示式也有张量特性，如果 g 与 Γ 的场不再是对称的。

然而在后面的情况下，如果，譬如，将末项里的 Γ^s_{lk} 移位，即换成 $\widetilde{\Gamma^s_{lk}}$，则张量特性并未失去［这是由于 $g_{is}(\Gamma^s_{kl} - \Gamma^s_{lk})$ 是张量］。还有别的形成，纵然不完全如此简单，却保持张量特性并可当作把上面式子推广到非对称场的情况去。因而如果需要将 g 与 Γ 间的关系引申到非对称场，这个关系式是由令上面式子等于零而获得的，则这样似乎包含一种随意的选择。

但是上面的形成具有一种性质，使它区别于其他可能的形成。如果在它里面同时将 gik 与 Γ^l_{ik} 分别换成 $\tilde{g}ik$ 与 $\widetilde{\Gamma}^s_{lk}$，然后互换指标 i 与 k，则变成了它自己：它对于指标 i 与 k 是"易位对称"的。令这个式子等于零而获得的方程是"移位不变"的。设 g 与 Γ 是对称的，则这个条件当然也是满足的；它是场量对称条件的推广。

假设非对称场的场方程是易·位·不·变·的。我想这个假设，就物理学来说，相当于要求阳电与阴电对称地参加在物理学定律里。

看一下(4a)便知道张量 R_{ik} 不是完全易位对称的，因为它易位后变成

$$(R^*_{ik} =)\Gamma^s_{ik,s} - \Gamma^s_{sk,i} - \Gamma^s_{it}\Gamma^t_{sk} + \Gamma^s_{ik}\Gamma^t_{ts} \tag{4b}$$

这个情况是试图建立易位不变的场方程时遭受困难的根源。

赝张量 U_{ik}^l

发生的事情是引用略为不同的赝张量 U_{ik}^l 代替 Γ_{ik}^l 能够由 R_{ik} 形成易位对称张量。可以将（4a）里线性地含有 Γ 的两项在形式上合并成单独一项。将 $\Gamma_{ik,s}^s - \Gamma_{is,k}^s$ 换成 $(\Gamma_{ik}^l - \Gamma_{it}^t \delta_k^s)$，并以方程

$$U_{ik}^l \equiv \Gamma_{ik}^l - \Gamma_{it}^t \delta_k^l \tag{7}$$

定义新的赝张量 U_{ik}^l。因为由（7）按 k 与 l 降秩，有

$$U_{it}^t = -3\Gamma_{it}^t$$

所以得到下列以 U 表示 Γ 的式子：

$$\Gamma_{ik}^l = U_{ik}^l - \frac{1}{3}U_{it}^t \delta_k^l \tag{7a}$$

将它们代入（4a），求得以 U 表示的降秩曲率张量

$$S_{ik} \equiv U_{ik,s}^s - U_{it}^s U_{sk}^t + \frac{1}{3}U_{is}^s U_{tk}^t \tag{8}$$

然而这个表示式是易位对称的。正是这个事实使得赝张量 U 对于非对称场论非常有用。

U 的 λ 变换　如果在（5）里将 Γ 换成 U，则通过简单的计算便得到

$$U_{ik}^{l*} = U_{ik}^l + (\delta_i^l \lambda_{,k} - \delta_k^l \lambda_{,i}) \tag{9}$$

这个方程确定了 U 的 λ 变换。（8）对于这个变换是不变的 $[S_{ik}(U^*) = S_{ik}(U)]$。

U 的变换律　如果借助于（7a），在（3）与（3a）里将 Γ 换成 U，便得到

$$U_{ik}^{l^*} = \frac{\partial x^{l^*}}{\partial x^l}\frac{\partial x^i}{\partial x^{i^*}}\frac{\partial x^k}{\partial x^{k^*}}U_{ik}^l + \frac{\partial x^{l^*}}{\partial x^s}\frac{\partial^2 x^s}{\partial x^{i^*}\partial x^{k^*}} - \delta_{k^*}^{l^*}\frac{\partial x^{t^*}}{\partial x^s}\frac{\partial^2 x^s}{\partial x^{i^*}\partial x^{t^*}} \tag{10}$$

注意即使用相同的字母，有关两系的指标仍然彼此独立地取所

有从 1 到 4 的标号。关于这个公式，值得注意的是：由于末项，它对于指标 i 与 k 不是易位对称的。证明这个变换可当作易位对称的坐标变换与 λ 变换的组合，便能弄清楚这个特殊情形。为了看出这一点，先将末项写成下列形式：

$$-\frac{1}{2}\left[\delta_{k^*}^{l^*}\frac{\partial x^{t^*}}{\partial x^s}\frac{\partial^2 x^s}{\partial x^{i^*}\partial x^{t^*}}+\delta_{i^*}^{l^*}\frac{\partial x^{t^*}}{\partial x^s}\frac{\partial^2 x^s}{\partial x^{k^*}\partial x^{t^*}}\right]$$

$$+\frac{1}{2}\left[\delta_{i^*}^{l^*}\frac{\partial x^{t^*}}{\partial x^s}\frac{\partial^2 x^s}{\partial x^{k^*}\partial x^{t^*}}-\delta_{k^*}^{l^*}\frac{\partial x^{t^*}}{\partial x^s}\frac{\partial^2 x^s}{\partial x^{i^*}\partial x^{t^*}}\right]$$

两项中的第一项是移位对称的。让它和（10）的右边前两项合并成表示式 $K_{ik}^{l^*}$。现在考虑在变换

$$U_{ik}^{l^*}=K_{ik}^{l^*}$$

后面又随之以 λ 变换

$$U_{ik}^{l^{**}}=U_{ik}^{l^*}+\delta_{i^*}^{l^*}\lambda_{,k^*}-\delta_{k^*}^{l^*}\lambda_{,i^*}$$

所获得的结果。这个组合产生

$$U_{ik}^{l^{**}}=K_{ik}^{l^*}+(\delta_{i^*}^{l^*}\lambda_{,k^*}-\delta_{k^*}^{l^*}\lambda_{,i^*}).$$

这意味着：倘若能将（10a）的第二项化为形式 $\delta_{i^*}^{l^*}\lambda_{,k^*}-\delta_{k^*}^{l^*}\lambda_{,i^*}$，则可将（10）当作这样的组合。为此只须证明存在 λ 能使

$$\frac{1}{2}\frac{\partial x^{t^*}}{\partial x^s}\frac{\partial^2 x^s}{\partial x^{k^*}\partial x^{t^*}}=\lambda_{,k^*} \tag{11}$$

$$\left(\text{与}\ \frac{1}{2}\frac{\partial x^{t^*}}{\partial x^s}\frac{\partial^2 x^s}{\partial x^{i^*}\partial x^{t^*}}=\lambda_{,i^*}\right)$$

为了变换至今还是假定的方程的左边，必须先以反变换的系数 $\dfrac{\partial x^a}{\partial x^{b^*}}$ 表示 $\dfrac{\partial x^{t^*}}{\partial x^s}$。一方面

$$\frac{\partial x^p}{\partial x^{t^*}}\frac{\partial x^{t^*}}{\partial x^s}=\delta_s^p \tag{a}$$

另一方面

$$\frac{\partial x^p}{\partial x^{t^*}}V_{t^*}^s=\frac{\partial x^p}{\partial x^{t^*}}\frac{\partial D}{\partial\left(\frac{\partial x^s}{\partial x^{t^*}}\right)}=D\delta_s^p$$

这里 V_t^s 表示 $\dfrac{\partial x^p}{\partial x^t}$ 的余因子，并可表示成行列式 $D = \left| \dfrac{\partial x^a}{\partial x^{b^*}} \right|$ 对

于 $\dfrac{\partial x^s}{\partial x^{t^*}}$ 的导数。所以又有

$$\frac{\partial x^p}{\partial x^{t^*}} \cdot \frac{\partial \ln D}{\partial \left(\dfrac{\partial x^s}{\partial x^{t^*}} \right)} = \delta_s^p \qquad\qquad (\text{b})$$

从（a）与（b）得到

$$\frac{\partial x^{t^*}}{\partial x^s} = \frac{\partial \ln D}{\partial \left(\dfrac{\partial x^s}{\partial x^{t^*}} \right)}.$$

由于这个关系，可将（11）的左边写成

$$\frac{1}{2} \frac{\partial \ln D}{\partial \left(\dfrac{\partial x^s}{\partial x^{t^*}} \right)} \left(\frac{\partial x^s}{\partial x^{t^*}} \right)_{,k^*} = \frac{1}{2} \frac{\partial \ln D}{\partial x^{k^*}}$$

这意味着

$$\lambda = \frac{1}{2} \ln D$$

的确满足（11）。这就证明了能将（10）当作易位对称变换

$$U_{ik}^{l^*} = \frac{\partial x^{l^*}}{\partial x^l} \frac{\partial x^i}{\partial x^{i^*}} \frac{\partial x^k}{\partial x^{k^*}} U_{ik}^l + \frac{\partial x^{l^*}}{\partial x^s} \frac{\partial^2 x^s}{\partial x^i \partial x^k}$$

$$- \frac{1}{2} \left[\delta_{k^*}^{l^*} \frac{\partial x^{l^*}}{\partial x^s} \frac{\partial^2 x^s}{\partial x^i \partial x^{t^*}} + \delta_{o^*}^{l^*} \frac{\partial x^{t^*}}{\partial x^s} \frac{\partial^2 x^s}{\partial x^{k^*} \partial x^{t^*}} \right] \quad (\text{10b})$$

与 λ 变换的组合。于是可用（10b）代替（10）作为 U 的变换公式。只改变表示形式的任何 U 场的变换都能表示成按照（10b）的坐标变换与 λ 变换的组合。

变分原理与场方程

由变分原理导出场方程有这样的优点：保证所获方程组的相容性并系统地获得关系到普遍协变性的恒等式，"边齐恒等

式",以及守恒定律。

应变分的积分要求以标量密度作为被积函数 $\mathfrak{H}$。最简单的程序是分别在 Γ 或 U 之外另添权数为 1 的张量密度 g^{ik},令

$$\mathfrak{H} = g^{ik} R_{ik} (= g^{ik} S_{ik}) \tag{12}$$

g^{ik} 的变换律必须是

$$g^{ik^*} = \frac{\partial x^{i^*}}{\partial x^i} \frac{\partial x^{k^*}}{\partial x^k} g^{ik} \left| \frac{\partial x^t}{\partial t^*} \right| \tag{13}$$

其中不顾同样字母的使用,又将有关不同坐标系的指标作为是彼此独立的。果然获得

$$\int \mathfrak{H}^* \mathrm{d}\tau^* = \int \frac{\partial x^{i^*}}{\partial x^i} \frac{\partial x^{k^*}}{\partial x^k} g^{ik} \left| \frac{\partial x^t}{\partial x^{t^*}} \right| \cdot \frac{\partial x^s}{\partial x^{i^*}} \frac{\partial x^t}{\partial x^{k^*}} S_{st} \left| \frac{\partial x^{r^*}}{\partial x^r} \right| \mathrm{d}\tau = \int \mathfrak{H} \, \mathrm{d}\tau$$

即积分对于变换是不变的。此外,积分对于 λ 变换(5)或(9)是不变的,因为分别以 Γ 或 U 表示的 R_{ik},因而还有 $\mathfrak{H}$,对于 λ 变换是不变的。由此知道应由取 $\int \mathfrak{H} \, \mathrm{d}\tau$ 的变分而导出的场方程对于坐标和对于 λ 变换也是协变的。

但是我们又假定场方程对于 g , Γ 两场或 g , U 两场应是易位不变的。如果 $\mathfrak{H}$ 是易位不变的,这就有保证。已知如果用 U 表示,R_{ik} 是易位对称的;如果以 Γ 表示,就不是。因此只有在 g^{ik} 之外引入 U(而不是引入 Γ)作为场变量,$\mathfrak{H}$ 才是易位不变的。在那种情况下,我们从开始就确信取场变量的变分而由 $\int \mathfrak{H} \, \mathrm{d}\tau$ 导出的场方程是易位不变的。

取 $\mathfrak{H}$[方程(12)与(8)]对于 g 与 U 的变分,求得

$$\left. \begin{aligned} \delta \mathfrak{H} &= S_{ik} \delta g^{ik} - \mathfrak{T}_l^{ik} \delta U_{ik}^l + (g^{ik} \delta U_{ik}^s)_{,s} \\ S_{ik} &= U_{ik,s}^s - U_{it}^s U_{sk}^t + \frac{1}{3} U_{is}^s U_{tk}^t \\ \mathfrak{N}_l^{ik} &= g_{,l}^{ik} + g^{sk} \left(U_{sl}^i - \frac{1}{3} U_{sl}^t \delta_l^i \right) \\ &\quad + g^{is} \left(U_{ls}^k - \frac{1}{3} U_{ts}^t \delta_l^k \right) \end{aligned} \right\} \tag{14}$$

其中

场 方 程

我们的变分原理是

$$\delta\left(\int \mathfrak{H}\, d\tau\right)=0 \qquad\qquad (15)$$

应独立地取 g^{ik} 与 U^l_{ik} 的变分，它们的变分在积分区域的边界上等于零。这个变分首先给出

$$\int \delta\mathfrak{H}\, d\tau = 0$$

如果在此将（14）里所给定的式子代入，则 $\delta\mathfrak{L}$ 的表示式的末项无任何贡献，因为 δU^l_{ik} 在边界上等于零。因此获得场方程

$$S_{ik}=0 \qquad\qquad (16a)$$

$$\mathfrak{N}^{ik}_l=0 \qquad\qquad (16b)$$

它们对于坐标变换和对于 λ 变换是不变的，并且也是易位不变的，这是从变分原理的选择就已经明白了的。

恒 等 式

这些场方程并不彼此独立。在它们中间存在 $4+1$ 个恒等式。就是说，在它们的左边之间存在 $4+1$ 个方程，这些方程总是有效，不论 $g-U$ 场是否满足场方程。

用一种大家熟悉的方法，根据 $\int \mathfrak{H}\, d\tau$ 对于坐标变换和对于 λ 变换不变的事实，可以导出这些恒等式。

因为如果将由无限小坐标变换或无限小 λ 变换所分别产生的变分 δ_g 与 δU 代入 $\delta\mathfrak{H}$，则由 $\int \mathfrak{H}\, d\tau$ 的不变性就知道它的变分恒等于零。

无限小坐标变换用

$$x^{i*} = x^i + \xi^i \qquad (17)$$

描述,其中 ξ^i 是任意的无限小矢量。现在必须用方程(13)与(10b)以 ξ^i 表示 δg^{ik} 与 δU^l_{ik}。由于(17),必须

将 $\dfrac{\partial x^{a*}}{\partial x^b}$ 换成 $\delta^a_b + \xi^a_{,b}$,将 $\dfrac{\partial x^a}{\partial x^{b*}}$ 换成 $\delta^a_b - \xi^a_{,b}$,

并略去按 ξ 是高于一阶的所有各项。于是获得

$$\delta g^{ik}(= g^{ik*} - g^{ik}) = g^{sk}\xi^i_{,s} + g^{is}\xi^k_{,s} - g^{ik}\xi^s_{,s} + [- g^{ik}_{,s}\xi^s], \quad (13a)$$

$$\delta U^l_{ik}(= U^{l*}_{ik} - U^l_{ik}) = U^s_{ik}\xi^l_{,s} - U^l_{sk}\xi^s_{,i} - U^l_{is}\xi^s_{,k} + \xi^l_{,ik} + [- U^l_{ik,s}\xi^s] \qquad (10c)$$

在此须注意如下情形。变换公式给出场变量对于连续区域里同一点的新值。上面指出的计算首先给出 δg^{ik} 与 δU^l_{ik} 的表示式,不带方括号里的项。另一方面,δg^{ik} 与 δU^l_{ik} 在变分法里表示对于固定坐标值的变分。要得到这些,就须加上方括号里的项。

如果将这些"变换变分"δg 与 δU 代入(14),积分 $\int \mathfrak{H}\,\mathrm{d}\tau$ 的变分就恒等于零。如果再选择 ξ^i 使它们联同它们的一阶导数在积分区域的边界上化为零,则(14)里的末项便无贡献。因此如果将 δg^{ik} 与 δU^l_{ik} 换成表示式(13a)与(10c),则积分

$$\int (S_{ik}\delta g^{ik} - \mathfrak{N}^{ik}_l\delta U^l_{ik})\mathrm{d}\tau$$

恒等于零。因为这个积分线性地且齐次性地依赖于 ξ^i 与它们的导数,用迭次换部积分法可将它化成形式

$$\int \mathfrak{M}_i\xi^i\,\mathrm{d}\tau$$

其中$\mathfrak{M}_i$ 是(按 S_{ik} 为一阶而按$\mathfrak{N}^{ik}_l$ 为二阶的)已知式。由此得恒等式

$$\mathfrak{M}_i \equiv 0 \qquad (18)$$

这些是有关场方程左边 S_{ik} 与$\mathfrak{N}^{ik}_l$ 的四个恒等式,它们相当于边齐恒等式。按照以前引用的命名法,这些恒等式是三阶的。

存在第五个恒等式,相当于积分 $\int \mathfrak{H}\,\mathrm{d}\tau$ 对于无限小 λ 变换

的不变性。在此需将

$$\delta g^{ik} = 0, \quad \delta U^l_{ik} = \delta^l_i \lambda_{,k} - \delta^l_k \lambda_{,i}$$

代入(14),其中 λ 是无限小的并且在积分区域的边界上等于零。首先有

$$\int \mathfrak{N}^{ik}_l (\delta^l_i \lambda_{,k} - \delta^l_k \lambda_{,i}) \mathrm{d}\tau = 0$$

或在换部积分之后,获得

$$2\int \mathfrak{N}^{is}_{\overset{\vee}{s},i} \lambda \mathrm{d}\tau = 0$$

[其中普遍有 $\mathfrak{N}^{ik}_{\overset{\vee}{l}} = \frac{1}{2}(\mathfrak{N}^{ik}_l - \mathfrak{N}^{ki}_l)$]。

这便给出所需的恒等式

$$\mathfrak{N}^{is}_{\overset{\vee}{s},i} \equiv 0 \tag{19}$$

按我们的命名法,这是二阶的恒等式。对于 $\mathfrak{N}^{is}_{\overset{\vee}{s}}$,由(14)直接计算,获得

$$\mathfrak{N}^{is}_{\overset{\vee}{s}} \equiv g^{is}_{\overset{\vee}{,s}} \tag{19a}$$

于是如果场方程(16b)能满足,就有

$$g^{is}_{\overset{\vee}{,s}} = 0 \tag{16c}$$

对物理解释的附识 和麦克斯韦的电磁场论比较,便提示一种解释,认为(16c)表示磁流密度等于零。如果承认这一点,便也知道应当用什么式子表示电流密度。可以给张量密度 g^{ik} 指定张量 g^{ik},令

$$g^{ik} = g^{ik} \sqrt{-|g_{st}|} \tag{20}$$

其中协变张量 g_{ik} 用方程

$$g_{is} g^{ks} = \delta^k_i \tag{21}$$

和反变张量相关联。由这两个方程得到

$$g^{ik} = g^{ik} (-|g^{st}|)^{-\frac{1}{2}}$$

然后由方程(21)得到 g_{ik}。于是可假定

$$(a_{ikl}) = g_{ik,l} + g_{kl,i} + g_{li,k} \tag{22}$$

或

$$\alpha^m = \frac{1}{6}\eta^{iklm}a_{ikl} \qquad (22a)$$

表示电流密度,其中 η^{iklm} 是利威·契韦塔的张量密度(具有分量 ± 1),它按所有的指标都是反对称的。这个量的散度恒等于零。

方程组(16a),(16b)的强度

在这里应用上述计数方法时,必须考虑到以形式(9)的 λ 变换从既定的 U 获得的所有的 $U*$ 其实代表同一 U 场。这就有这样的推论: U_{ik}^l 展开式的 n 阶系数包含着 $\binom{4}{n}$ 个 λ 的 n 阶导数,其选择对于区别实际不同的 U 场是无关重要的。因此和 U 场计数有关的展开系数的个数就减少 $\binom{4}{n}$。对于自由的 n 阶系数的个数,用计数方法获得

$$z = \left[16\binom{4}{n} + 64\binom{4}{n-1} - 4\binom{4}{n+1} - \binom{4}{n}\right] -$$
$$\left[16\binom{4}{n-2} + 64\binom{4}{n-1}\right] + \qquad (23)$$
$$\left[4\binom{4}{n-3} + \binom{4}{n-2}\right]$$

第一个方括号代表描述 $g-U$ 场特性的有关 n 阶系数的总数,第二个代表由于存在场方程而须减少的个数,第三个方括号给出因为恒等式(18)与(19)而对于这个减少所作的修正。计算对于很大的 n 的渐近值,求得

$$z = \binom{4}{n}\frac{z_1}{n}, \qquad (23a)$$

其中

$$z_1 = 42。$$

因此非对称场的场方程比较纯粹引力场的要弱得多。

λ 不变性对于方程组强度的影响　有人也许想从易位不变式

$$\mathfrak{H} = \frac{1}{2}(g^{ik}R_{ik} - \widetilde{g}^{ik}\widetilde{R}_{ik})$$

出发(代替引用 U 作为场变量),导致理论的易位不变性。所得的理论当然和上述的不同。能证明对于这个 $\mathfrak{H}$ 就不存在 λ 不变性。在此也获得(16a),(16b)类型的场方程,它们是(对于 g 与 Γ)易位不变的。然而在它们中间只存在四个"边齐恒等式"。如果将计数方法应用于这个方程组,则在相当于(23)的方程里缺少第一个方括号里的第四项与第三个方括号里的第二项。我们得到

$$z_1 = 48$$

可见方程组比较我们选择的要弱些,所以丢弃不用。

和前面场方程组的比较　这是由下面给定的:

$$\underset{\vee}{\Gamma^s_{is}} = 0 \qquad\qquad R_{\underline{ik}} = 0$$

$$g_{ik,l} - g_{sk}\Gamma^s_{il} - g_{is}\Gamma^s_{lk} = 0,\ \underset{\vee}{R_{ik,l}} + \underset{\vee}{R_{kl,i}} + \underset{\vee}{R_{li,k}} = 0$$

其中 R_{ik} 由(4a)定义成 Γ 的函数$\left(\text{而其中 } R_{\underline{ik}} = \frac{1}{2}(R_{ik} + R_{ki}),\right.$

$\left.\underset{\vee}{R_{ik}} = \frac{1}{2}(R_{ik} - R_{ki})\right)$。

这个方程组完全等效于新方程组(16a),(16b),因为它是用变分法从同一积分导出的。它对于 g_{ik} 与 Γ^l_{ik} 是易位不变的。可是有区别如下。应取变分的积分本身并不是易位不变的,取其变分而首先获得的方程组也不是;不过它对于 λ 变换(5)是不变的。为了在此获得易位不变性,需要应用一种技巧。形式上引用四个新的场变量 λ_i,取变分之后选择它们,使得方程 $\underset{\vee}{\Gamma^s_{is}} = 0$ 被满足[①]。于是将对于 Γ 取变分而获得的方程化成指定的易位不变形式。然而 R_{ik} 方程仍旧含有辅助变量 λ_i。可是能够消去

---

① 令 $\Gamma^{l*}_{ik} = \Gamma^l_{ik} + \delta^l_i\lambda_k$。

它们,这就如上述那样导致这些方程的分解。于是得到的方程也是(对于 g 与 Γ)易位不变的。

假定方程 $\Gamma^i_{is} = 0$ 造成 Γ 场的归一化,它取消掉方程组的 λ 不变性。作为结果,并非 Γ 场的所有等效表示都能成为这个方程组的解。这里发生的情况,可以和纯粹引力场方程附加上限制坐标选择的任意方程的程序相比较。在我们的情况下,方程组还变得不必要地复杂起来。从对于 g 与 U 是易位不变的变分原理出发,始终用 g 与 U 作为场变量,便可在新的表示里避免这些困难。

散度定律和动量与能量的守恒定律

如果满足了场方程并且变分又是变换变分,则在(14)里不仅 S_{ik} 与 $\mathfrak{R}^{ik}_l$ 等于零,而且 $\delta\mathfrak{H}$ 也是,所以场方程意味着方程

$$(g^{ik}\delta U^s_{ik})_{,s} = 0$$

其中 δU^s_{ik} 由(10c)给定。这个散度定律对于矢量 ξ^i 的任何选择都是有效的。最简单的特殊选择,就是 ξ^i 不依赖 x,会引致四个方程

$$\mathfrak{T}^s_{t,s} \equiv (g^{ik}U^s_{ik,t})_{,s} = 0$$

这些可当作动量与能量的守恒方程来解释与应用。须注意这样的守恒方程绝不是由场方程组唯一确定的。按照方程

$$\mathfrak{T}^s_t \equiv g^{ik}U^s_{ik,t}$$

能流密度($\mathfrak{T}^1_4, \mathfrak{T}^2_4, \mathfrak{T}^3_4$)以及能量密度 $\mathfrak{T}^4_4$ 对于不依赖 x^4 的场都等于零。从此可以推断:按照这个理论,没有奇异性的稳定场决不能描述异于零的质量。

如果采用前面的确定场方程的办法,则守恒定律的推导以及形式就变得复杂多了。

一 般 评 注

甲 我的意见认为这里介绍的理论是有可能的、逻辑上最简单的相对论性场论。然而这并不意味着自然就不会遵从较复杂的场论。

较复杂的场论曾屡次被提出。它们可按下列特征加以分类：

（一）增加连续区域的维数。在这种情况下必须解释为何连续区域外观上限于四维。

（二）在位移场及其相关的张量场 g_{ik}（或 g^{ik}）之外另添不同种类的场（譬如矢量场）。

（三）引用高阶（微商的）场方程。

依我看，考虑这种较复杂的体系和它们的组合，只有存在着应该这样做的物理经验的理由时才应进行。

乙 场论还没有完全为场方程组所确定。是否容许奇异性的出现？是否须假定边界条件？关于第一个问题，我的意见是必须排除奇异性。将场方程对于它不成立的点（或线等等）引入连续区域的理论里，依我看是不合理的。并且引入奇异性就等于在紧密包围奇异地点的"曲面"上假设边界条件（这按场方程的观点是任意的）。没有这样的假设，理论便过于模糊。我认为第二个问题的答案是：边界条件的假设是免不了的。我举一个初等的例子说明这一点。可以将形式为 $\phi = \sum \dfrac{m}{r}$ 的势的假设和在质点外面（三维里）满足方程 $\Delta\phi$ 的陈述相比较。但是如果不加上 ϕ 在无限远处化为零（或保持有限）的边界条件，就存在是 x 的整函数 $\left[例如 x_1^2 - \dfrac{1}{2}(x_2^2 + x_3^2)\right]$ 且在无限远处成为无限大的解。如果是"开敞"空间，则只有假定边界条件才能排除这样的场。

　　丙　可否想象场论让人理解"实在"的原子论的和量子的结构？几乎每人都将对这个问题作否定的答复。但是我相信目前关于它并没有人知道任何可靠的论据。其所以如此是因为我们不能判断奇异性的排除将怎样减少解的多样性并达到什么程度。我们并无任何方法可以系统地获得没有奇异性的解。近似法不适用，因为对于特殊的近似解，从来不知道是否存在没有奇异性的精确解。为了这个理由，目前就无法将非线性场论的内容和经验相比较。只有数学方法上的重大进展才能对此有所助益。目前盛行的意见认为场论必须通过"量子化"，按照大致确定了的规则首先化为场几率的统计理论。我在这个方法里只看到试图用线性方法来描述具有本质上非线性特征的关系。

　　丁　人们可以提出很好的理由，说为什么完全不能以连续场表示"实在"。从量子现象看，似乎肯定知道：具有有限能量的有限系统可以完全用有限的数集（量子数）来描述。这看来并不符合连续理论，而且必然会导致为描述"实在"而寻求纯粹代数理论的企图。但是无人知道怎样获得这种理论的基础。

爱因斯坦的母亲保利娜·爱因斯坦·科赫（Pauline Einstein, nee Koch），个性坚强，是一位有才华的钢琴家。

附 录 Ⅲ

什么是相对论?*

· *Appendix* Ⅲ ·

　　构造性理论的优点是完备性、适应性和灵活性;原理性理论的优点则是逻辑完美和基础可靠。

　　相对论属于后一类。为了掌握它的本质,首先需要了解它所根据的原理。然而在继续讲述之前我必须首先指出,相对论有点像一座两层的建筑,这两层就是狭义相对论和广义相对论。为广义相对论所依据的狭义相对论,适用于除引力以外的一切物理现象;广义相对论则提供了引力定律,以及它同自然界别种力的关系。

---

　　* 本文选自《爱因斯坦全集》(第七卷),邹振隆主译,由湖南科学技术出版社于 2009 年 5 月出版。

　　我高兴地答应你们一位同事的请求，为《泰晤士报》写点关于"相对论"的东西。在学术界人士之间以前的活跃来往可悲地断绝了之后，我欢迎有这样一个机会，来表达我对英国天文学家和物理学家的喜悦和感激之情。为了验证一个在战争时期在你们的敌国内完成并且发表的理论，你们著名的科学家耗费了很多时间和精力，你们的科学机构也花费了大量金钱[2]，这完全符合你们国家中科学工作的伟大而光荣的传统。虽然研究太阳的引力场对于光线的影响是一件纯客观的事情，但我还是忍不住要为我的英国同事们的工作，表示我个人的感谢；因为，要是没有这一工作，也许我就难以在我有生之年看到我的理论的最重要的含义会得到验证。[3]

　　我们可以把物理学中的理论分为不同种类，其中大部分是构造性的。它们试图从比较简单的形式体系出发，并以此为材料，对比较复杂的现象构造出一幅图像。气体分子运动论就是这样力图把机械的、热的和扩散的过程都归结为分子运动，即用分子运动来构造这些过程。当我们说，我们已经成功地理解了一类自然过程，我们的意思必然是指：概括这些过程的构造性理论已经建立起来。

　　同这类最重要的理论一起，还存在着第二类理论，我称之为"原理性理论"。它们使用的是分析方法而不是综合方法。形成它们的基础和出发点的元素，不是用假说构造出来的，而是在经验中发现的，它们是自然过程的普遍特征，即原理，这些原理给出了各个过程或者它们的理论表述必须满足的数学形式的判据。热力学就是这样力图用分析方法，从永动机不可能这一普遍的经验事实出发，推导出各个事件都得满足的必要条件。

◀1934 年 12 月 28 日，爱因斯坦被众多记者团团围住。

构造性理论的优点是完备性、适应性和灵活性；原理性理论的优点则是逻辑完美和基础可靠。[4]

相对论属于后一类。为了掌握它的本质，首先需要了解它所根据的原理。然而在继续讲述之前我必须首先指出，相对论有点像一座两层的建筑，这两层就是狭义相对论和广义相对论。为广义相对论所依据的狭义相对论，适用于除引力以外的一切物理现象；广义相对论则提供了引力定律，以及它同自然界别种力的关系。

从古希腊时代起当然就已经知道：为了描述一个物体的运动，就需要有另一个物体，使第一个物体的运动可以它作为参照物。一辆车子的运动，是参照地面而言的；一颗行星的运动，是对可见恒星的全体而言的。在物理学中，那种为事件在空间上作参照的物体叫做坐标系。例如，伽利略和牛顿的力学定律，只有借助坐标系才能用公式表达出来。

但是，若要使力学定律有效，坐标系的运动状态就不可任意选取（它必须没有转动和加速度）。力学中容许的坐标系叫做"惯性系"。按照力学原理，惯性系的运动状态不是由自然界唯一确定的。相反，下面的定义仍然有效：一个相对于惯性系做匀速直线运动的坐标系，也同样是一个惯性系。所谓"狭义相对性原理"就意味着这个定义的推广，用以包括任何自然界的事件：这样，凡是对坐标系 C 有效的自然界普遍规律，对于一个相对于 C 做匀速平移运动的坐标系 C' 也必定同样有效。

狭义相对论所根据的第二条原理是"真空中光速不变原理"。这原理断言：光在真空中总是有一个确定的传播速度（同观测者或者光源的运动状态无关）。[5]物理学家所以信赖这条原理，是由于麦克斯韦和洛伦兹的电动力学所取得的成就。

上述两条原理都受到经验的有力支持，但它们在逻辑上却好像是互相矛盾的。狭义相对论终于成功地把它们在逻辑上协调了起来，这是由于修改了运动学，即（从物理学的观点）论述空间和时间的规律的学说。这样就弄清楚了：说两个事件是同时的，除非指明这是对某一坐标系而言的，否则就毫无意义；量度工具的形状和时钟的快慢，都同它们相对于坐标系的运动状态有关。

但是，旧的物理学，包括伽利略和牛顿的运动定律，不适合上述相对论性的运动学。如果上述两条原理真的可用，那么自然规律就必须遵循由相对论性运动学得出的普遍数学条件。物理学必须适应这些条件。特别是，科学家得到了一个关于（高速运动着的）质点的新的运动规律，这在带电粒子的情况下已经被美妙地证实了。狭义相对论最重要的结果，是关于物质体系的惯性质量。这个结果是：一个体系的惯性必然同其所含能量有关。由此又导致这样的观念：惯性质量就是潜在的能量。质量守恒原理失去了它的独立性，而同能量守恒原理融合在一起了。

狭义相对论其实就是麦克斯韦和洛伦兹电动力学的有系统的发展，然而又指向了它自身的范围以外。难道物理定律同坐标系运动状态无关这一点，只限于坐标系相互匀速平移运动吗？自然界同我们的坐标系及其运动状态究竟有何相干呢？如果为了描述自然界，必须用到一个我们随意引进的坐标系，那么这个坐标系运动状态的选择就不应受到限制；规律应当同这种选择完全无关（广义相对性原理）。

下面这一早已知道的经验事实，使得广义相对性原理的建立比较容易。这事实是，物体的质量和惯性是受同一常数支配的（惯性质量和引力质量的相等）。设想有一个坐标系，它相对于牛顿意义上的惯性系做匀速转动。根据牛顿的教导，应当把出现在这个坐标系中的离心力看成是惯性的效应。但这些离心力完全像重力[6]一样同物体的质量成比例。在这种情况下，难道不可以把这个坐标系看成是静止的，而把离心力看作是万有引力吗？这似乎是显而易见的，但却为经典力学所不容。

以上简略的考察提示广义相对论必须给出引力的规律，顺着这条思路的不懈努力，已证明我们的希望是合理的。

但是道路却比人们可能设想的更为崎岖，因为它要求放弃Euclid 几何。这就是说，决定固体在空间中可能配置的定律，并不完全符合 Euclid 几何赋予物体的空间定律。当我们谈到"空间的弯曲"时,所指的就是这一点。"直线"、"平面"等基本概念,因而在物理学中也就失去了它们的严格意义。

在广义相对论中,空间和时间的学说,即运动学,已不再表现为同物理学的其余部分基本上无关。物体的几何性状和时钟的运行都依赖于引力场,而引力场本身却又是由物质产生的。

从原理上看来,新的引力理论同牛顿理论分歧很大。但是它的实际结果同牛顿理论的结果非常相近,以至在经验所能及的范围内很难找到区别它们的判据。到目前为止已找到的这类判据有:

1. 行星轨道的椭圆绕太阳的旋转(在水星的例子中已得到证实)。

2. 引力场引起的光线的弯曲(已由英国人的日全食照相得到证实)。

3. 从大质量的恒星射到我们这里来的光,其谱线向光谱的红端位移(迄今尚未得到证实)。①

该理论的主要诱人之处在于其逻辑的完整性。从它推出的许多结论中,只要有一个被证明是错的,它就必须被抛弃;要对它进行修改而不破坏其整个结构,那看来是不可能的。

可是人们不要以为牛顿的伟大工作真的能够被这一理论或任何其他理论所取代。作为自然哲学领域里我们整个近代概念结构的基础,他的伟大而明晰的观念将永远保持其独特的意义。[7]

附注:你们报纸上关于我的生活和为人的某些报道,完全是出自作者的生动想象。[8]为了让读者开心,这里还有相对性原理的另一应用:今天我在德国被称为"德国的学者",而在英国则被称为"瑞士的犹太人"。如果我命中注定要被说成一个最讨

---

① 这个判据自那以来已经得到证实。——英译版注

厌的家伙，那么情况就会反过来，对于德国人来说，我将变成“瑞士的犹太人”；而对于英国人来说，我却变成了“德国的学者”。[9]

［注释］

［1］英国日全食观测结果的初步报告包括 *Einstein* 1919d（文件 23）付印以后，1919 年 11 月 6 日在 Burlington Hause 举行的皇家学会和皇家天文学会联席会议上正式宣布了最终结果。关于这个事件，参见本卷序，p. xxx，*Observatory* 42（1919）：389—398，*Crommelin* 1919 和 *The Times*（London），7 November 1919，p. 12。由于“对这个困难主题有非常广泛的科学和公众兴趣”，爱因斯坦同意向《泰晤士报》驻柏林记者简要说明他的理论及其含义（报道于 *The Times*，［27 Novembcf 1919］，p. 14）。关于后来对英国人的结果是否证实了广义相对论的争议。参见 *Earman and Glymour* 1980a。关于大众媒体（特别是英国和美国）的报道，参见 *Elton* 1986。

［2］4 位天文学家，包括 Eddington 在内，和一些辅助人员参加了两支考察队。皇家天文学家 Frank W. Dyson（1868—1939）获得一笔 1000 英镑的政府基金作为花费。这意味着超过了 1919 年皇家天文学会总预算 2700 英镑的 1/3（参见 *Monthly Notices of the Royal Astronomical Society* 80［1919—1920］：338—339）。关于准备工作的讨论，参见 *Eddington* 1920a 和 *Earman and Glymour* 1980a。

［3］在爱因斯坦 1919 年 12 月 6 日致 *Neue Freie Presse*（《新自由报》）的信中，他表示了写作这篇文章的同样动机。

［4］关于这种区别的早期说法，参见爱因斯坦致 Arnold Sommerfeld 的信，1908 年 1 月 14 日（第五卷，文件 73）。也见第二卷序 pp. xxi—xxvi。

［5］在打字版中，由于误认了前一个单词的最后三个字母，在“Bewegungszustand（运动状态）”和“der Lichtquelle（光源）”之间加了一个“und（和）”，*Einstein* 1934a 在“und”之前加了一个“von（从）”，掺入了这个错误。因而，在英译本 *Einstein* 1934b 中“与其源的速度无关”这一段变成了“与观测者和光源的运动状态无关”。关于这个错误后来的历史，参见 *Stachel* 1987。

［6］在打字版中，“Schwerewirkungen（重力作用）”改为

"Schwerekräfte（重力）"。

[7] 爱因斯坦觉得有必要安抚英国科学界和大众媒体中的不平情绪，这些媒体报道说他宣称摧毁了牛顿的理论。在下议院，剑桥大学物理教授及其在议会的代表 Joseph Lamor（1857—1942）"受到包围，质询牛顿是否已被打倒，剑桥是否已经'完蛋'（伦敦《泰晤士报》，1919 年 11 月 8 日，第 12 页）。当考察队的初步发现在英国科学促进协会伯恩茅斯会议上宣布时（见 *Einstein* 1919*d*［文件 23］，注 2），伯明翰大学校长 Oliver J. Lbdge（1851—1940）表示，他希望最终结果会表明偏转为 0.87″，即牛顿理论预言的值（见 *Observatory* 42［1919］：364）。牛津大学实验哲学教授，Clarendon 实验室主任 Fredrick A. Lindmann（1886—1957）相当详细地向爱因斯坦通报了有关几位英国顶尖科学家的抵触。他还补充说，《泰晤士报》关于相对论如何推翻了牛顿理论的报道已经"伤害了民族感情并极大地震惊了世界"（"hat... das national Gefühl verletzt & die Welt in grosse Aufregung versetza"；Frederick A. Lindemann 致爱因斯坦的信，1919 年 11 月 23 日）。爱因斯坦还从 Ehrenfest 那里得到类似的消息（Paul Ehrenlest 致爱因斯坦的信，1919 年 11 月 24 日）。

[8] 参见伦敦《泰晤士报》1919 年 11 月 8 日第 12 页题为"阿尔伯特·爱因斯坦博士"的一个短注，在那里他被称为"一个瑞士犹太人"。他的学术任职简历为："在一段时期中任苏黎世工业大学数学物理教授，后任布拉格大学教授。之后他被提名为柏林皇家科学院院士。"至于他的政治立场，"在停战时他曾在一份支持德国革命的呼吁书上签名。他是一个热心的犹太复国主义者"。这里提到的呼吁书可能是号召参加民主党。发表于《柏林日报》（*Berliner Tageblatt*）（16 November 1918）（见第八卷，1918 年日程表，p.1029）。

[9] 爱因斯坦非常欣赏他自己的玩笑，以致对 Ehrenfest 又重复了一遍（爱因斯坦致 Paul Ehrenfest 的信，1919 年 12 月 4 日）。关于它在报纸上的反响，见文件 26，注 4。

附录 IV

我对反相对论公司的答复[1] *

· Appendix IV ·

> 　　我一直被人指责为相对论作乏味的广告宣传活动。但我可以说，我一生都支持用词审慎和表达简练。夸张的言辞使我感到肉麻，不管这些言辞是关于相对论的还是任何别的东西的。我时常嘲笑别人感情冲动，而它现在竟然落到我的头上。不过，我也乐意偶尔让反相对论公司的大人先生们开开心。

　　* 本文选自《爱因斯坦全集》（第七卷），邹振隆主译，由湖南科学技术出版社于 2009 年 5 月出版。

在"德国自然科学家工作协会"这个冠冕堂皇的名称下,拼凑了一个杂七杂八的团体[2],它当前的目标看来是要在非物理学家的心目中贬低相对论及其创建者我本人。Weyland 和 Gehrcke 两位先生最近在柏林音乐厅就此作了他们的第一次演讲。我本人也在场。[3]我非常清楚地知道,这两位演讲者都不值得用我的笔去回答,而且我有充分的理由相信,他们的动机并不是追求真理的愿望(假如我是一个德国国家主义者,不管有没有卍字徽记,而不是一个有自由主义和国际主义倾向的犹太人,那么……)。因此,我所以作出答复,仅仅是由于一些好心人不断劝说,认为应当把我的观点亮出来。

首先我必须指出,就我所知,今天简直没有一位在理论物理学中作出重大贡献的科学家,会不承认相对论是合乎逻辑地建立起来,并且是符合那些迄今已判明是无可争辩的事实的。最杰出的理论物理学家,即 H. A. 洛伦兹,M. Planck,Sommerfeld,Laue,Born,Larmor,Eddington,Debije,Langevin,Levi-CiVita 都坚定地支持这个理论,而且他们自己也对它作出了有价值的贡献。[4]在有国际声望的物理学家中间,直言不讳地反对相对论的,我只能举出 Lenard 的名字来。[5]作为一位精通实验物理学的大师,我钦佩 Lenard;但是他在理论物理学方面并没有任何建树,而且他反对广义相对论的意见如此肤浅,以致到目前为止我都不认为有必要详细回答它们。现在我打算为此做点弥补工作。[6]

我一直被人指责为相对论作乏味的广告宣传活动。但我可以说,我一生都支持用词审慎和表达简练。夸张的言辞使我感到肉麻,不管这些言辞是关于相对论的还是任何别的东西的。我时常嘲笑别人感情冲动,而它现在竟然落到我的头上。不过,

---

◀1943 年 5 月 24 日,在纽约卡内基音乐厅,庆祝哥白尼诞辰 400 周年,将刻有哥白尼名言的奖牌颁发给 10 位杰出的"现代革新者"。

我也乐意偶尔让反相对论公司的大人先生们开开心。[7]

现在来谈演讲。Weyland 先生看来根本就不是一位专家（医生？工程师？还是政客？我也弄不清），除了破口大骂和卑鄙的指控，他一点也没有提出什么实质性问题。[8]第二个演讲人 Gehrcke 先生一边通过编织赤裸裸的谎言，一边试图通过单方面挑选经歪曲的材料，在不了解情况的外行人中间制造虚假印象。下面的例子可以证明这一点[9]：

Gehrcke 先生宣称相对论会导致唯我论，所有专家都会把这个断言当作笑话来看待。他的根据是两只钟（或孪生子）的著名例子。其中一个相对于惯性系作往返旅行，而另一个不动；他断言在这种情况下相对论会导致真正荒唐的结果：紧靠在一起的两只钟每一只都比对方慢——尽管许多杰出的相对论专家已经（通过口头或书面）证明他的说法是错误的。我只能把这看作是故意试图误导门外汉。[10]

再者，Gehrckce 先生提到了 Lenard 先生提出的批评，其中许多都与来自日常生活的力学例子有关。由于我普遍地证明了广义相对论的陈述在一级近似下同经典力学一致，这些批评已经失去了根据。

Gehrcke 先生关于相对论的实验的证实所说的话，对于我是最有说服力的证据，表明他的目的并不是要揭示真正的事实。

Gehrcke 先生希望我们相信，水星近日点的运动无需相对论也可以得到解释。这里有两种可能性。要么人们虚构出一种特别的行星际物质，其质量之大和分布方式正好说明近日点运动的测量结果。[11]当然这种办法同相对论的处理比起来是非常不令人满意的。[12]后者无需任何假设就解释了水星近日点的运动。另一种办法是引证 Gerber 的论文，他在我之前给出了水星近日点运动的正确公式。可是专家们不仅同意 Gerber 的推导从始至终都有缺陷，而且还认为从 Gerber 的假设出发不可能推出这个公式。因此，Gerber 先生的论文是完全没有价值的、失败的、无法修补的理论尝试。[13]我声明是广义相对论提供了水星近日点运动的第一次真正的解释。我未提 Gerber 的论文,是因为我在写作水星近日点运动的文章时并不知道它;而且即便我知道这篇论文,也没有理由提到它。所有的专家已经判明,Gehrcke 和 Lenard 先生在这个问题上针对我的人身攻击是完全不公正的;到现在为止,我认为就此再多说一句话,就会有失我的尊严了。[14]

Gehrcke 先生在他的演讲中,带偏见地说到英国人专控实施的掠过太阳光线偏折测量的可靠性,他只提到三个独立观测组中的一个;即由于定日镜变形引起了错误结果的那一个。他没有提到,英国天文学家自己在他们的正式报告中,已经把他们的结果解释为广义相对论的辉煌证实。[15]

关于谱线红移问题,Gehrcke 先生并没有透露目前的测量仍然彼此矛盾,因此还不能作出最终决定。他只引证了不利于相对论预言存在谱线移动的证据,但却隐瞒了以前的结果不再令人信服的事实,Grebe,Bachem 和 Perot 等人最新的研究已显示了这一点。[16]

最后,我想指出,由于我的建议,在巴特瑙海姆的自然科学家集会上,已经安排了关于相对论的讨论。任何敢于面对科学论坛的人,都可以到那里去提出自己的反对意见。[17]

看到相对论和它的创建者在德国受到这样的诬蔑,将会在外国产生一种奇怪的印象,特别是我的荷兰和英国同行 H. A. 洛伦兹和 Eddington,这些先生们在相对论领域里紧张地工作,并且不断就这个主题进行演讲。[18]

[注释]

发表于《柏林日报》1920 年 8 月 27 日,早晨版,pp. [1—2]。

[1] 关于引出这篇文章的事件的背景,见《〔编者按〕爱因斯坦同德国反相对论者的冲突》pp. 101—113。也见 *Fölsing* 1993,pp. 520—529。在回答 Paul Ehrenfest 对这个文件的批评(Paul Ehrenfest 致爱因斯坦的信,1920 年 9 月 2 日),和他怀疑该文可能并非爱因斯坦本人所写时,爱因斯坦告诉他:"那是我在一天早晨一口气写出来的,完全出自我自己的

手笔"(Ich habe ihn ganz unbeeinflusst eines Vormittags in einem Zuge hingeschrieben. 爱因斯坦致 Paul Ehrenfest 的信,1920 年 9 月 10 日以前)。Ehrenfest 也对洛伦兹表示了他的震惊(Paul Ehrenfest 致 Hendrik A. 洛伦兹的信,1920 年 9 月 2 日,NeLR,H. A. 洛伦兹案卷)。

〔2〕德国自然科学家保卫纯科学工作协会(Arbeitsgemeinschaft deutscher Naturforscher zur Erhaltung reiner Wissenschaft)是 Paul Weyland 建立的一个未登记的组织(见 *Kleinert* 1993 和 *Goenner* 1993, pp. 120—123)。

〔3〕这个事件在 *Weyland* 1920a 中预先作了宣传,后来几家报纸,包括 *Berliner Tageblatt*,*Vossische Zeitung*,*Vorwärt* 和 8—*Uhr Abendblatt*(部分重印于 *Weyland* 1920b)作了详细报道。Weyland 的演讲发表于 *Weyland* 1920b,pp. 10—20;Gehrcke 的演讲以 *Gehrcke* 1920 出现,在开会时散发。爱因斯坦静静地坐在一个包厢中,震耳的咆哮声清楚可闻:"必须卡住这个犹太佬的咽喉"("man sollte diesem Juden an die Gurgel fahren."*Die Umschau* 24〔1920〕:554)。根据另一篇报道,"在星期二的会议结束时,靠近爱因斯坦的一些学生以压倒一切的声音喊道:'真该抓住这个犹太猪的咽喉。'"("sogar Studenten nach Schluß der Versammlung am Dienstag in der Nähe von Professor Einstein,… u. a. ganz laut sagten: 'Diesem Saujuden müßte man eigentlich an die Gurgel springen.'"*Vossische Zeitung* 29 August 1920,Morning Edition, Supplement 4,p. 1)与会者还包括 Walther Nemst,Max yon Laue 和 Ilse Einstein(*Vossische Zeitung*,重印于 *Weyland* 1920b,p. 6;Max von Laue 致 Arnold Sommerfeld 的信,1920 年 8 月 25 日〔GyMDM,Sommerfeld 遗物,1977—28/A,197(5)〕)。

〔4〕列入 Larmor 的名字看来不恰当;关于 Larmor 对广义相对论的保留,见 *Hentschel* 1998,pp. 496—500。

〔5〕参见他反相对论的小册子 *Lenard* 1918 和他在 *Lenard* 1920 中补充的评论。

〔6〕爱因斯坦在这里没有提及他在 *Einstein* 1918k(文件 13)中对 Lenard 批评的回答。

〔7〕这一段的原文是:"Vor hochtönenden Phrasen und Worten bekomme ich eine Gänsehaut, mögen sie von sonst etwas oder von

Relativitätstheorie handeln. Ich habe mich oft lustig gemacht über Ergüsse, die nun zuguterletzt mir aufs Konto gesetzt werden. Uebrigens lasse ich den Herren von der G. m. b. H. gerne das Vergnügen."

[8] Weyland 对爱因斯坦的主要责难是"为相对论作广告",其实是重复 Gehrcke 老早就已经提出过的指控。见《〔编者按〕爱因斯坦同德国反相对论者的冲突》pp. 101—113。

[9] Gehrcke 在回答爱因斯坦的指责时,断然否认他有澄清科学问题以外的任何动机:"我拒绝追随爱因斯坦对我进行粗暴人身攻击的做法;对于他的言论,只要是客观的,我将在别处给予答复……我只想说,爱因斯坦将发现,要证明在我多年来提供的反相对论的真实论据同任何政治的或个人的动机之间存在联系,会是很困难的。"("Den hier von Einstein mir gegenüber eingeschlagenen Weg der unsachlichen persänlichen Polemik lehne ich ab zu verfolgen;eine Antwort auf die Ausführungen Einsteins,soweit sie sachlich sind,wird an anderer Stelle erteilt werden. . . Ich möchte nur bemerken,daß es Einstein schwer fallen dürfte,den Beweis dafür anzutreten,daß ein Zusammenhang zwischen meinen jahrelangen,sachlichen Widersprüchen gegen die Relativitätstheorie mit politischen und persönlichen Beweggründen besteht." *Deutsche Zeitung*,1 September 1920)

[10] 关于 Gehrcke 把时钟佯谬解释为狭义相对论弱点的许多试图,见《〔编者按〕爱因斯坦同德国反相对论者的冲突》pp. 101—113。爱因斯坦在 *Einstein* 1918*k*(文件 13)中对 Gehrcke 的回答,只是使得他的观点更加强硬。在 *Gehrcke* 1914,p. 39 中,Gehrcke 已经争辩说,Minkowski 时空几何导致了唯我论。

[11] 这个假说是在 *Seeliger* 1906 中提出的;有关历史背景见 *Earman and Janssen* 1993。

[12] Paul Gerber(1854—1917 以前)是波美拉尼亚地区施塔加德的一名高中教师,他的行星近日点进动公式首先发表于 *Geber* 1898;Gehrcke 在 *Annalen der Physik* 上重新发表了 Gerber 较长的研究,*Gerber* 1902。在 *Gerber* 1916 中,他比较了 Gerber 和爱因斯坦的公式,表明它们是相同的。

[13] Gerber 推导的基础,在形式上类似于 Wilhelm Weber 对电磁

力所采用的超距作用方案（见 *Laue* 1917）。Gerber 的主要想法是引力以光速而非瞬时传播。Laue 后来证明，Gerber 的方法为大家所熟知，可以回溯到 19 世纪 70 年代出版的著作（见 *Laue* 1820b）。Gerber 只是引入了一个 3 的因子，没有任何清楚的理由这样做，就得到了"正确"的定量结果。所以，爱因斯坦说他在 *Einstein* 1915h（第六卷，文件 24）中的推导是第一次基于第一原理"解释"了水星近日点运动反常，而不是像在 *Seeliger* 1906 中提出的那种特定的论证，这断言无疑是正确的。Gerber 的推导也受到 *Laue* 1917 和 *Seeliger* 1917 的批评。Lenard 后来提出，Laue 和 Seeliger 反对 Gerber 结果的论据是过分吹毛求疵了；见 *Lenard* 1918，pp. 1—2 和《〔编者按〕爱因斯坦同德国反相对论者的冲突》pp. 101—113。

〔14〕这是指 Gehrcke 在 *Gehrcke* 1916 中提出的剽窃指挥，以及 Lenard 在 *Lenard* 1918 中使 Gehrcke 的工作正统化的努力。爱因斯坦通知 *Annalen der Physik* 的合著者 Wilhelm Wien，他不打算回答 Gehrcke 的指控（爱因斯坦致 Wilhelm Wien 的信，1916 年 10 月 17 日〔第八卷，文件 267〕）。

〔15〕关于英国观测队和他们的结果，见 *Einstein* 1919d（文件 23），注 2—4。

〔16〕Gehrcke 指的是 Karl Schwarzschild 和 Charles E. St. John 没有探测到预期引力红移的工作。他没有谈到在 *Grebe and Bachem* 1919，1810a 和 1920b 中报道的下面发现，仅仅表示 Ludwig C. Glaser 很快会分析全部实验结果。的确在 9 月 2 日，Glaser 是 Weyland 在音乐厅组织的反相对论演讲第二个晚上（也是最后一个晚上）唯一的报告人。Glaser 的批评主要是针对 Leonhard Ch. Grebe 和 Albert J. Bachem，而不是针对 Alfred Perot 的工作。Perot（1863—1925）是巴黎理工大学物理学教授。关于他在本文件之前对测量引力红移的贡献，见 *Perot* 1920a 和 1920b。是 Arnold Berliner 提请爱因斯坦注意 Perot 的新结果（Arnold Berliner 致爱因斯坦的信，1920 年 8 月 19 日）。进一步的讨论，见 *Hentschel* 1992 和 1998，pp. 227—229，514—535。

〔17〕这些讨论发生在 1920 年 9 月 23 日举行的德国自然科学家和医生协会巴特瑙海姆会议上（见 Einstein et al. 1920〔文件 46〕）。

〔18〕对于来自国外的反应，见 Hendrik A. 洛伦兹致爱因斯坦的信，1920 年 9 月 3 日；*Paul Ehrenfest* 致爱因斯坦的信，1920 年 8 月 28 日和 1920 年 9 月 2 日；爱因斯坦致 Paul Ehrenfest 的信，1920 年 9 月 10 日以前。

科学元典丛书